非常
建筑

张永和 / 非常建筑 著
程六一 杜 模 译

展览实验建造

广西师范大学出版社
· 桂林 ·
images
Publishing

目录

展览即建造

重新定义“画框”问题

张永和

不断恶化的建筑与图画关系

在传统意义上，从建筑的角度来看，“图画”只不过是墙纸，而“建筑”之于图画也只是画框的延伸。令人意想不到的是，对这一命题最好的视觉阐释竟要追溯到18世纪的一位舞台布景师朱塞佩·加利·比比恩纳（Giuseppe Galli Bibiena）。在他的“庆祝波兰国王萨克森选侯婚礼的戏剧表演场景”（*della Festa Teatrale in occasione delli Sponsali del Principe Reale di Polonia ed Elettorale di Sassonia*）设计图中，人们既可以感受到建筑与图画之间存在某种冲突，也能够发现这两个学科之间相互融合，甚至能够和谐统一，而这样的处理手法在当代的展览中似乎无迹可寻。

正在消失的展览建筑设计

尽管在上文提及的18世纪的设计实践中，背景和前景同等重要，并共同传递视觉信息，然而在前现代主义时期，展览建筑设计被视作舞台布景或者舞台技术，这意味着建筑内部的界面和空间只能为艺术提供背景。如今建筑作为背景的概念仍然被广泛接受，且更强调一种原则，即展览空间设计不可与其服务的艺术本身相提并论。这似乎难以辩驳。与此同时，展览建筑设计甚至已退化为实用的隔墙，或者走向极端——成为以白盒子或者黑盒子形式存在的抽象概念。白盒子“隔离”，用于展示绘画、摄影、雕塑、装置作品等；黑盒子“消散”，用于播放影片、视频等。

无法实现的建筑展览

在美术展览中，无论展品是一幅图画还是一件物品，展出的都是艺术作品本身。换句话说，人们可以获得对某件艺术品的直接体验，并不需要猜测其特性。当建筑成为展览的主体，往往会出现一种困境——建筑只能用图画、模型或者照片来表现，参观者无法看到建筑的实体。很显然，仅通过上述表现手段并不能给人带来真实的建筑体验，尽管现在有虚拟现实这样的先进技术辅助也依然如此。

展览设计中的建筑介入

展览建筑设计的抽象化以及建筑展览中建筑体验的缺失其实映射了同一个问题——建筑真实性的缺乏。对这个问题的探究最终成为我们建筑实践和展览设计的出发点。回顾过去，非常建筑从1997年至今进行了一系列的尝试，通过各种方法将建筑设计置入展览设计中，同时使展览设计与展品重新融为一体，而不把建筑展览和展览建筑设计割裂开来，尽管后者在内容上不一定与建筑相关。从建筑学角度来看，展览是创造真实性，而不是复制他处的真实存在，并且应由真实的空间和材料组成或构建。

“庆祝波兰国王萨克森选侯婚礼的戏剧表演场景”设计图（朱塞佩·加利·比比恩纳，1740年），朱塞佩·加利·比比恩纳所著《建筑与透视》（*Architetture, e prospettive*）一书中的版画
来源：史密森图书馆（https://library.si.edu）

展览过程

我们在实践中力求展现成品背后的论点、逻辑和建造，这样观众就可以在“是什么”之外进一步理解“为什么”和“怎么样”。因此，展览必须展示过程，既包括构建展览空间和界面的过程，也包括建造装置的过程。我们把展览空间（博物馆或者双年展场地内部）当成建造现场并保持原样，使其作为展示的一部分。在一些案例中，展览又变成了我们的试验场，让我们尝试某种（尤其是非常规的）材料和建造方式，探索关于城市和景观的新构想，比如密度、地形等。

以下是我们对在展览和装置设计实践中遇到的一系列问题的讨论，以及当时我们对这些问题的处理方法。需要强调的一点是，正是通过在实践中不断试错，我才逐渐对展览建筑设计形成了前文所述的认识。

即时的展览

运动中的城市（维也纳分离派展览馆，1997年）

在这个展览中，我们面临的挑战是要反映当时的一种发展状况，更确切地说，是亚洲正在进行的快速城市化。如何让欧洲的观众体验到亚洲建设的热潮，同时还能呈现亚洲特有的状况，如高密度、非正式开发、缺乏规划、建设速度快等问题？如何将大量已分类和待分类的信息全部同时呈现出来？要在一个相对狭小的展览馆里容纳一百多位艺术家和建筑师的作品，将作品分开陈列的“白盒子”式展示方法显然不可取。这次展览的内容之多促使我们采用另外一种展览设计方法。最终的方案是通过在展览大厅中营造高度拥挤的环境，创造出亚洲的现实感。所有展品挤在一起，间隔很小，不同类型的作品相邻陈列又显得生机勃勃。我们利用脚手架快速组织空间，营造出了建筑工地的感觉。最终，展览既变为城市的一部分，又成为一个事件，在某种程度上还可以说是一场狂欢。观众也许感受到了一种“第二现实”——虽然亚洲仍很遥远，但是在当时的维也纳，抑或整个欧洲都没有任何一个地方能让人更真实地体会到亚洲城市的风貌。从形式上看，这种展览设计确实在一定程度上违背了传统的美学观念。这是非常建筑将展览作为建造实践完成的第一个项目。

图画与画框

影室（巴黎市立现代艺术博物馆，2003年，与汪建伟、杨福东合作）；纸相机（台北双年展，2004年）

此次展览跨学科展示了影像作品与建筑作品，旨在将展品与其陈列空间共置，也就是将内容与情景同时呈现，创造一种时空融合的感觉。汪建伟、杨福东两位艺术家提供了影像作品。经过非常建筑的创作，我们将画框延伸为三维物体或微型建筑空间，人们可以进入黑暗的空间观看影像作品，同时置身于周围更加明亮的总体空间之中。我们设计了四个暗室。在拉丁语中，“房间”一词为“camera”，“camera obscura”意指“昏暗的房间”，因为最早的针孔照相机是一间暗室，所以现代英文称照相机为“camera”。据此我们将四个观影装置称为“影室”，并以曾经知名的四个照相机品牌命名，即宝丽来、徕卡、尼康、海鸥。

尽管这四个名称与相应的微型建筑空间之间并没有字面上的联系，但每个构筑物都有其物质特性——“宝丽来”由透明塑料布搭建；“徕卡”分为两室，用金属板打造；“尼康”用一组镜子连接两个展厅；而“海鸥”则由木龙骨和宣纸建造。当画框成为一个可栖居的空间，它不仅框住了景象，同时也框住了看景的人。此时它就具有了剧场的特点，即观众的“看”与“被看”同时发生。此外，几个画框又互相交错，框住了彼此。四个画框在视觉上连接起来，形成一个开放的迷宫，每个画框都引导观众进入另一个画框。

我们在一年后的台北双年展中对“影室”的概念进行了重新创作。在台北双年展中，所有的“影室”都用木质框架和宣纸建造，并且悬挂起来，用来展示一系列录像的投影。

装置：展示建造

塑与茶（维多利亚和阿尔伯特博物馆，2008年）

近几十年来，装置在展览中如果不是用来创造现实性，至少也是用来体现物质性。通常情况下，装置会被设计成一个大的构筑物或者某个真实建筑的一个片段，而后者主要是一种展示建筑的手段。由于装置和建筑都具有建造的属性，如空间、材料和结构，因此二者之间也具有清晰的联系。装置可以是展览的内容，它通常是一个物体。但是，装置还有可能是画框，不管图画是否存在。我们在维多利亚和阿尔伯特博物馆的中庭建造的装置是一系列的框，同时也是被参观的对象。“塑与茶”作为框，不仅为博物馆的建筑提供了观景窗口，使来访者以全新的视角重新观察这座历史建筑，同时还使庭院中人和人的活动成为一道风景。这一装置在研究层面的主题有两个：一是调研一种产品，也就是现在中国广泛使用的多孔铺地材料，这种材料由聚乙烯塑料制成，是百分之百的可回收塑料，具有很大的结构潜力；二是探索将此类产品纳入建筑系统的途径。换句话说，装置的主题其实是建造。我们的研究成果是将许多三角形格子互相连接，每个格子都是一个基本的独立结构单元。不难发现像“塑与茶”这样具有建筑体量的装置并不是一个独立的物体，因为它不可避免地体现出了对现有空间的干预和转化。与此同时，这个项目还体现了装置的另外一个特点——复杂性。

展示建造过程

张永和+非常建筑：唯物主义（尤伦斯当代艺术中心，2012年）

当受邀在尤伦斯当代艺术中心举行个展时，我们当即想到以展示建造过程为主题，因为这是解释我们工作过程的最好方式，对我们来说试验某种材料并建造样板与画图、做模型一样重要。我们建造了六个模块，既围合了展览空间，又为模型、图纸、照片、产品、录像及装置提供了界面。六个模块分别展示了六个建造过程——在PVC（聚氯乙烯）管模板中浇筑混凝土、在橡胶模板中浇筑混凝土、在竹胶板模板中浇筑石膏、在滑动胶合木板模板中浇筑石膏，以及在胶合木板模板中夯土、在玻璃模板中夯土。我们把浇筑或者夯土时使用过的模板吊到上方，作为悬挂图纸的背板，而把下面成形的混凝土、石膏以及夯土体量作为摆放模型和物品的台面。人们通过上下观察就可以理解装置建造的过程。建造过程体现了“唯物主义”这一主题，并且构成了其内容和空间组织。简单地说，建造过程能够表现布展的经过，把幕后的工作展现在观众的眼前。

暂时性和永久性

瓦拱（首尔设计节，2010年，临时装置）；稻宅（越后妻有艺术三年展，2003年，永久装置）；玻璃砖拱（地景装置艺术季，2016年，永久装置）

装置中使用的材料使暂时性和永久性的界线变得模糊。在2010年首尔设计节中，组展方要求在展厅中设计一个临时的茶室，我们的方案是使用中国传统的黏土屋瓦作为主要材料。为了探索传统材料的新用途，我们把瓦片衔接起来形成两个拱状结构。这一设计过程并不是在图纸或者电脑上完成的，而是在我们事务所的院子里经过反复试验完成的。由于设计非常复杂，两个瓦拱只能由建筑师在首尔现场搭建。因为这个茶室在室内，所以不需要考虑瓦拱的防水和隔热，但我们在设计之初就希望这个装置可以永久使用。从设计的角度来看，由于建造这个装置是供真实使用的，因此区分暂时性和永久性就失去了意义。

在2003年越后妻有艺术三年展上，我们的任务是设计一个永久装置。我们的想法是在稻田中用一种十分常见的工业产品——钢格栅，建造一个结构体系。我们把这个装置命名为“稻宅”，因其不仅是一个观景框，还是可供当地农民休息的场所。这个项目可以看作是消除艺术作品和公共设施界线的例子，因为永久性取代了暂时性。“稻宅”是非常建筑早期设计的永久装置之一。

2016年，上海附近的阳澄湖举办了地景装置艺术季，我们设计的装置是玻璃砖拱。由于展览地点在一个公园里面，所以我们建造的装置可以作为一个永久的亭子为游客提供停留的空间，这种做法既合乎逻辑，也可持续——我们为一个短期展览消耗的资源却为公众提供了持久的便利。

展览成就建筑

垂直玻璃宅（西岸建筑与当代建筑双年展，2013年）；砖亭（深港城市 / 建筑双城双年展，2017年）；砼器（探索家——未来生活大展，2018年）

总的来说，非常建筑认为展览和建造几乎具有一样的意义。展示的对象与展示的方式已经融合为一个整体。近几年又出现了一种新的变化——展览逐渐成为一个建造足尺、全功能建筑的平台。如此一来，展览与建筑之间的界线便更加模糊。

2013年，我们为上海西岸建筑与当代建筑双年展建造了垂直玻璃宅。垂直玻璃宅的构想和设计源自大约20年前，主要基于两点思考：

一、如果屋顶和楼板由玻璃建造，那么这种透明性可以让需要私密性的城市居住者回归自然，也就是建筑向城市中的天与地开放；二、建筑的透明性使住宅中的所有设备可见，阐释了“住宅是居住的机器”这一理念。根据第一点思考，我们将经典的水平玻璃宅设计改为垂直方向上的透明。由于这个设计与基本的建筑体验，即空间、时间、光照、材料紧密联系在一起，所以基本无法用任何其他展览形式代替。要想获得这种体验别无他法，只能通过两种途径：如果你是观众，你可以进去待上一小段时间，哪怕不到一小时，想在里面冥想也未尝不可；如果你是来上海访问的艺术家，那么你可以在玻璃宅里住上几天，因为这里现在是双年展的招待所。“砖亭”是为2017年在深圳举办的深港城市／建筑双城双年展建造的，最初用来发布展览信息，双年展结束后成了社区的便利店。“砼器”是我们对未来生活方式的探索，也是一个可供人们体验的实验住宅，之后我们打算将这个住宅重新建在一个建筑学院里，用于教学研究。通过对这些项目的介绍，我们也回到了这篇文章开始的观点——让展览具有现实性，或许应该换个说法：展览即现实。

以上三个项目同时属于两种分类，既属于展览，也属于建筑，将在下本书《设计研究空间》（张永和/非常建筑著）中详细介绍。

垂直玻璃宅

砖亭

砼器

后 窗

Rear Windows

3 × 3 + 9设计竞赛

合约设计中心，美国，旧金山，1991年

主题：旧金山和洛杉矶两地年轻建筑师设计竞赛作品展。设计的名称暗合入选的项目情况：两座城市各有三位获胜者和九个荣誉提名。

张永和：装置。

设计构思：受到阿尔弗雷德·希区柯克（Alfred Hitchcock）的电影《后窗》（*Rear Window*）的启发，我的兴趣点不仅在探索窗户如何作为窥视孔，同时也在研究浅进深的线性建筑如何为“偷窥汤姆”提供观察的条件。我们将两栋公寓楼的模型并排摆放，其中一个正立面看起来十分正常，但是内部的家居功能经过了重新安排，观众可以通过窗户仔细观察内部的细节；另外一个去掉了墙壁，用来展示窗户和家具的融合，如此一来，“景框”和其后的空间就融为一体了。

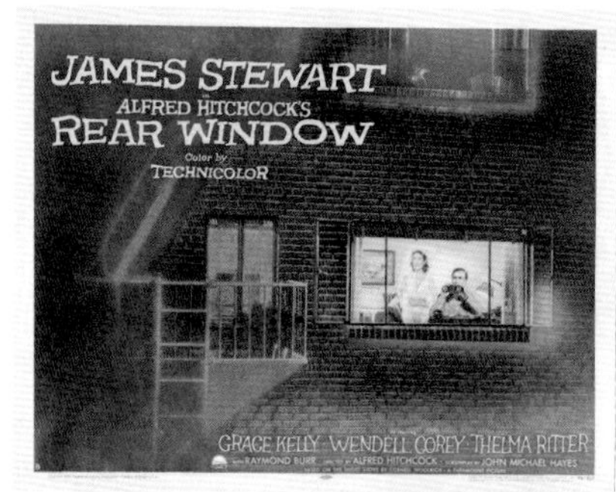

《后窗》电影海报

电影《后窗》里的场景

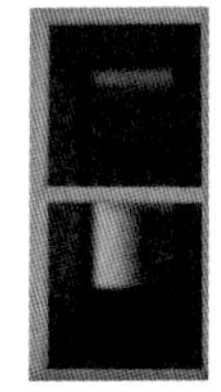

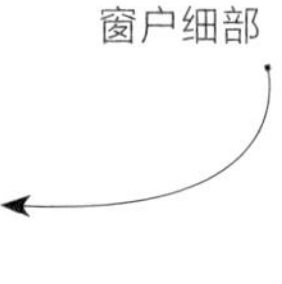

窗户细部

电影《后窗》里的公寓

透过方形窗户向内窥视

· 公寓楼模型的背面

· 去掉墙面的公寓楼模型背面

· 后墙的细部

· 观众从窗户向内窥视

院 城

Courtyard City

运动中的城市

维也纳分离派展览馆，奥地利，维也纳，1997年

策展人：侯瀚如、汉斯·乌尔里希·奥布里斯特（Hans Ulrich Obrist）

主题：亚洲当代城市的艺术与建筑。

非常建筑：展览空间设计。

设计构思：与策展人多次探讨之后，我们意识到这次展览要做得比寻常展览密集得多，以借此映射现如今亚洲高密度的城市发展。我们的方案是在展览大厅中间创造一个“空”，虚拟一个内向的庭院，同时将所有展品推向边缘，进一步营造出拥挤的感觉。中央空间可以用于举行表演或者举办活动。我们搭建了两层高的脚手架，围合出中间的院，同时，这样的设计也暗示了亚洲城市是一个巨大的建筑工地。我们把这个设计称为“院城”或“四合城”。

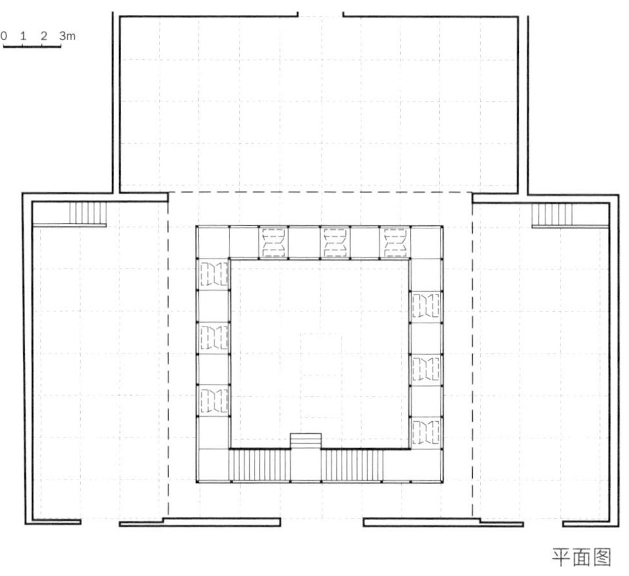

平面图

· 搭建中的脚手架

观众可以通过塑料幕布上的孔窥视中间的院

· 脚手架的第二层

· 脚手架外面包裹着半透明塑料幕布

轴线城市

Axis-Linear City

边界线

建筑之家，施泰尔秋季艺术节，格拉兹新画廊，奥地利，格拉兹，1997年

策展人：克里斯蒂娜·德曼德（Christine Demander）、罗兰·里特尔（Roland Ritter）

合作艺术家：宋冬

主题：城市研究和展示项目，旨在探索城市肌理中不被察觉的边界线。

非常建筑和艺术家宋冬：装置。

设计构思：如果说北京有一条无形的线，对其城市肌理产生了最重要的影响，那么这条线就是北京的中轴线。这条中轴线不仅组织起故宫的全部空间和建筑，还把北京城分为东城和西城。东城在过去商贾云集，西城是古代中国朝廷官员的居住地。我们的设计团队认为，要想在格拉兹呈现这条轴线，最好是采用尽可能直观的展示方式。我们将一系列显示屏一字排开，形成一条直线形装置，向上的屏幕上播放着宋冬摄制的一段北京中轴线石制御道的图像，观众可以在这条直线装置上行走。

从墙上的窥视孔看装置

沿着轴线行走

沿着轴线行走的孩子

观众可以通过墙上的小孔看到轴线延伸下去

· 装置的起点

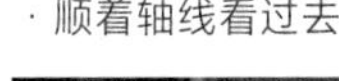

· 顺着轴线看过去

· 轴线终点的踏步

· 装置的终点

边非缘

董豫赣

画地为界可能源于动物习性。

一条狗仍愿意选用撒尿的方式划界。

《西游记》里的那只猴王已进化到能使用工具，他用一根棍棒在地上画过一条很概念的分界线，一个很圆的圈圈，以保护那个除虔诚外别无长处的唐僧免遭魔鬼的侵害。这根名为金箍棒的玩意儿可大可小，大到可以擎天，小到可纳入耳孔。如果考虑到中国人有把耳朵与女性性器官普遍联系的习俗，这玩意儿很可能就是那玩意儿的性幻想。

弗洛伊德学派也许就此把划界的动作与性行为相关联，继而把划界当成是阳物强行建立秩序的暴力行为。至少，安布罗斯·比尔兹在其《魔鬼字典》里把“大炮”这种超现实主义惯用的性器替代品当成是校正边界的仪器。

划界的动物习性所遗传给人类的最初后果就是世界范围内的筑墙活动。当比尔兹大炮的威力超出墙的暴力时，城墙的划界能力失效，比尔兹因此把边界当成是一条假想中的分界线，一条可以不断修正的因此可能又是概念的分界线。

好像社会开放与和平的标志之一就是：

墙减少，道路增加。

筑墙与修路原是历史上并不相悖的两种分界方式。

不同在于，道路标界并不凸显，分割但不区分。它看来开放且平和，全无划界物的暴力特征，而一旦我们注视着那些与道路相连的残缺的城门洞时——这样的例证所剩无几——却一律可看作是道路潜隐的暴力对于墙的可封闭程度的讽刺。

20世纪50年代的北京正是通过拆除一座在历代炮火中幸存下来的古城墙而增加了一条现代化的康庄大道。道路就此成为墙的敌手而不再是对手。它不断地摧毁北京的老墙，最终仅剩南自前门、北止钟楼的4.7公里轴线区域内的故宫红墙还保存完整。前门与钟楼自身也被当成道路凯旋的证据获得赦免，却失去与旧有城墙的联系，形单影只地守护着故宫的中轴御道，在纵横交错的道路间全无理由地化为凯旋门模样，不像是庆贺而近于悼了。

张永和与宋冬题为“Borderline”的装置作品就截取了北京残存的这段4.7公里的轴线，并假定将它与奥地利的一座非轴线城市格拉兹重叠，以此寻求某种或多种线索。

我不清楚他们选择电视机这一导致各种边界迅速丧失的罪魁祸首或主要功臣，当成“边界线”作品主要片段的构成物是基于无知还是勇气。

该片段位于格拉兹的一个旧厂房内。20台电视机分成两组（18+2）一字排开，机身的厚度及色泽使它们看起来像坚实的矮墙；向上的屏幕上呈现着的从故宫现场摄制的石制御道画面却诱使视知觉把它当成路来看待，一侧的踏步也暗示着这些屏幕的可行走性。

结果也只是走向无处。

往南或往北都遭到厂房实墙的封闭。

这或许是“Borderline”作品在此遇到的主要边界障碍，他们在两面墙上各钻一个洞，以使边界线得以线性延展。正是“bore”这个动作赋予边界线以暴力性，也使得这两个孔洞与北京城残存的城门洞发生对应关联。

洞的小尺寸筛除了它可以步行通过的可能却被授以视觉通道的新涵义。

这或许不过是张永和对于希区柯克执导的《精神分裂者》影片中关于“窥视”的另一次饶有兴趣的操作。

透过小孔的“窥”比普通的“看”更需要也更刺激想象，甚至是对无法“看”的空间想象。

墙外空间仅在概念上属于这条“Borderline”，4.7公里的轴线长度是以测量学的精确分别止于厂房南边一家饭店门口以及北部的居住区内，并各以两块故宫御道的影像作止界。对于作品的文本注释在南边被当成菜单与饭店里真正的菜单并置在餐桌上，在北部居住区内则以标牌的式样挂在路标上。

“Borderline”作品并非一条线（轴线）对另一条线的叠加。已知的故宫轴线在此周遭的格拉兹城区的情况未知。该区域也许有自己存在的完整系统却不曾为故宫轴线的对称性做准备。轴线的强行介入可能会发生艺术家们愿见的情形：它可能铲除某座监狱的高墙使之成为可以自由地走来走去的空场；它可能剖开某个卫生间而露出一只喷水的小便器——它失去了原先的存在意义却可能实现了杜尚对它的某只同类物品的命名——“喷泉”的愿望；它也可能只是轻轻擦过如五线谱纤细的金属阳台栏杆，响起奥地利不喜欢而达达艺术家可能梦寐以求的噪声……当然更可能掘开某个或几个化粪池，放飞大片不见天日的蛊虫……

它们将以某种非常规的——但绝非超现实的方式发生并诠释“Borderline”的轴线意义。

对于“Borderline”的作者而言，可能不是我的这些设想而是他们各自不同的种种设想诱使他们实施这次暴力性介入的行为，哪怕是概念上的。但更可能正是那些连他们自己也难以推演的可能性的诱惑才制止了他们；既然它的实现已失去了对称性基础，与其仅成为边界线的某种特例，倒不如任其断续以虚拟的边界线概念且虚线地存在。

甚至，边界线概念本身在当代艺术领域是否仍有存在的重大意义?

现代艺术很大一部分源起于对艺术边界被侵的恐惧。

正是为捍卫艺术领域神圣边界线的完整，画家们曾以各种方式谋求与摄影相区别的新方法，最终又被迫与其他学科、事物，甚至摄影本身不可避免地接壤，从而更全面地丧失疆界，继而又在主动消除艺术边界的行径中找到一种狄奥尼索斯式的狂欢。

当罗伯特·莫里斯[1]被迫为极少主义雕塑的简单辩护时，他说这种“简单”“不只强调了它与雕塑多么贴近，也强调了它与非艺术品之间多么贴近”，而他并未也可能无意于澄清它们可以最终是艺术的而非非艺术的。

当克莱因在单调的“交响乐”伴奏中，诱导两名抹着蓝颜料的裸女在画布上以各种动作实施他的人体艺术或行为艺术时，艺术行为与恶作剧行为的分界线何在?

莫奈的作品与光谱分析学科的分界线何在?

达利的作品与精神病理分析的分界线何在?

……

当斯特拉[2]用刀在油布上划出数条缝隙时，他却是有意模糊二维绘画与三维实体的界线。

然而，它缘何又是艺术的而非缝纫的?

画家汉诺瓦的达达式回答既简洁又痛快：“艺术家吐出来（Spit）的每样东西都是艺术。”

问题在于唾沫的前设是它是艺术家的口水，如果吐的行为并不反过来造就艺术家，艺术家何以产生又何以与非艺术家分界?

艺术品的前设再次不确定。

当艺术与非艺术的边界丧失殆尽，其结果究竟是艺术品沦为日常物品的贫乏还是在此过程中日常物品被艺术地重新看待？也许界线消逝过程使得艺术的原有内涵发散，艺术从主词单项的确定性变成摹状词整族的可能性，由艺术（名词）变成艺术的（形容词）。

为何总是行为的艺术而不是艺术的行为?

为何总是人体的艺术而不是艺术的人体?

为何总是印象的艺术而不是艺术的印象?

……

为何总是唾沫的艺术而不是艺术的唾沫?

恐怕是因为勇气。

艺术的，它可能等同于有品位的也可能等同于有害的。

设若我们把艺术的等同于有害的，艺术生产不过是一次次害人不利己的行为；如果我们仍把艺术看成是有品位的，那么杜尚以现成品清除艺术与非艺术界线的行为就不是放飞了虫蛊而是开启了一瓶尘封的香水，洒在屋顶上、地上、枯草上，就是这样。

也正是这样我们才可以回答理查德·汉密尔顿一幅拼贴广告画上的问题：“是什么使今天的家庭如此不同，如此迷人？”

不正是边界的模糊才使得生活与艺术可以在此在彼地邻接吗？即使它不曾美化生活也丰富了生活，即便它不曾丰富生活它也为生活提供了多种可能性。

可能性——对于霍金而言它等同于实在，如同他的“虚时间”概念等同于时间一样。他认为“历史存在着一族所有可能的历史”，它未发生不意味着不曾以及不将发生。可能性可能存在于一次星球碰撞，一次龙卷风，或一次洪水决堤中……

因为上下文的原因，当我描述“Borderline”作品中的那组电视机并说它们像矮墙时，我没说它们更像堤。

奥地利作家卡夫卡在《城堡》中描述的城与中国的城有所不同，中国的城墙往往只是单纯的墙，其筑造方式使它与堤很难界分。我有足够的理由可以将堤、河流（水路）、桥洞与墙、道路、城门洞一一置换并重新诠释“Borderline”这一作品。

让我们仅限于堤。

前不久的中国湖北，数万军民一夜间把长江大堤几十公里全用三色尼龙布包裹起来，其壮阔程度足与23年前克里斯托的《绵延的栅栏》这一宏大艺术巨作相媲美，它可能是艺术的但决非艺术品，它是为大堤——这一水陆分界线——免遭风暴中的洪水冲垮的群情激昂的劳动成果，并借此确保数以百万计的人们生活方式不会改变。

而我江西的家乡小镇已经浸水很久，人们甚至慢慢地习惯（是不是开始喜欢？）变化了的环境与生活，见惯而成为视而不见的楼及道路成了让人萦怀的江南水乡；院子成了泳池；水波从窗间涌进复出留下苔痕；远处一幢悬挑的平顶屋在低地间仅剩一浅层屋面板浮于水面如一叶漂萍；更远处两排仅剩树梢如灌丛的柳枝依次直起腰身站立并夹着一条道路从水中湿漉漉地爬上山坡成为倾斜的苏堤……

洪水使得万顷良田失去田埂、小路、园篱等一切分界线，在此期间洪水是否漫过井界带走许多禁锢得近乎绝望的活物我不清楚，但洪水确实没过许多鱼塘，使太多的引颈就刀的家鱼变成野鱼，使它们可以游憩于水中的厨间甚至炉膛里，它们也可以远离人类翔游于如此广阔无界的水域获取生命的触新……

这就是水生生物狄奥尼索斯式的狂欢。

我不明白，诺亚洪水中所描述过的物种里有鸟有家禽，却没有鱼，好像也没有野性的猴。

对于这一切，那只喜欢撒尿划界的狗也许并不满意。至于那只大闹过东海、翔游过天空、画过一只很概念的圆圈圈的猴王，我想补充的是，他自己最恨圈圈，正是唐僧以诡计在他永不安分的猴头上套过另一只圆圈圈——一道在唐僧手中才松紧自如的金箍迫使猴王离开他的乐园，跋山涉水，越过一条条国界、鬼界、魔界，最终抵达西天。

这只猴据说还成了佛，也不知真假。

但我知道，正是边界的诱惑，才使得一些狼变成了狗；正是痛恨边界才使得有些猴突破物界变成了人。

这些却是千真万确的。

[本文选取自《文学将杀死建筑（建筑、装置、文学、电影）》，董豫赣著，中国电力出版社，2007年，P52—59。基于对原作的尊重，本书未对原文做修订。原文的另一个版本还曾发表于*Dokumente zur Architektur 11*。]

注释：

1 德文版为唐纳德· 贾德（Donald Judd）。
2 德文版为卢西奥·丰塔纳（Lucio Fontana）。

推拉折叠平开门

Sliding Folding Swing Door

生存痕迹展

现时艺术工作室，中国，北京，1998年

策展人：冯博一

主题：“展现艺术家的实验性艺术探索”，亦探究“跨文化交互的状态”（引自尤伦斯当代艺术中心）。

非常建筑：特定场地装置。

设计构思：展览场地位于北京郊区一个废弃的车库里，因此需要设计一个专供人出入的门。在车库原有的双扇推拉铁门中，我们加入了一扇新的木门，门扇是平开的，门框是折叠的，以保证原来的铁门在改造后还能锁上。与在已有的城市环境中不断添入新的建筑类似，这扇门的设计同时包含了介入和创新。这样的做法实现了新旧的结合，并且通过一种非常规的方式同时完成了门的三种常规开启方法——推拉、折叠、平开。

· 车库外景

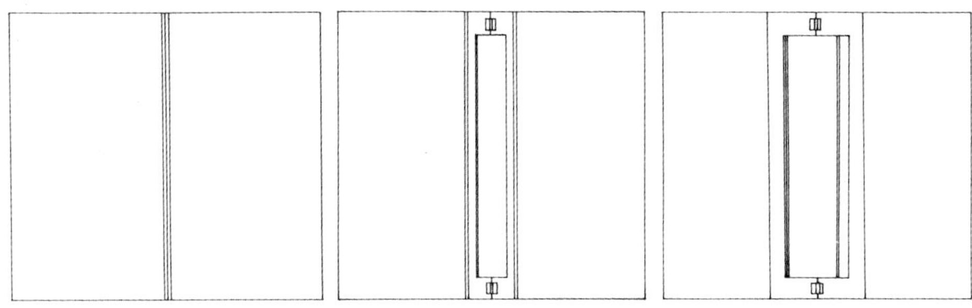

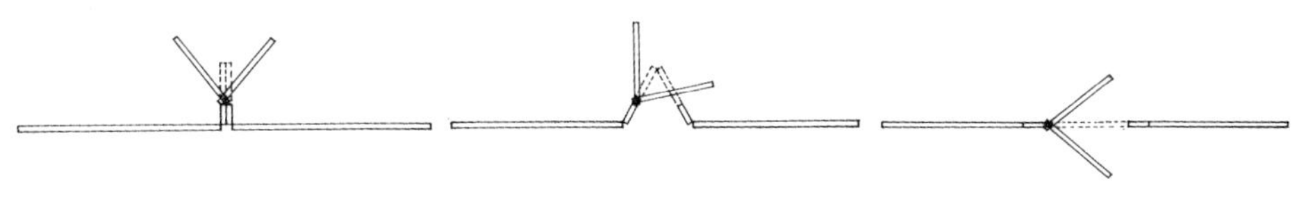

展示门开启过程的立面图和平面图

0 100 cm

· 车库内景

蛇 足

Snake Legs

运动中的城市

路易斯安那现代艺术博物馆，丹麦，胡姆勒拜克，1998年
策展人：侯瀚如、汉斯·乌尔里希·奥布里斯特

主题：亚洲当代城市的艺术与建筑。

非常建筑：展览空间设计。

设计构思：路易斯安那现代艺术博物馆坐落在丹麦厄勒海峡沿岸一座美丽的城市——胡姆勒拜克。我们想让观众在看展的同时也能够欣赏周围的风景，因此提出的方案是让装置从展厅内部一直延伸到外部的海岸线，这样的设计同时也隐喻着现今遍布亚洲的城市蔓延情况。具体方案是将一系列三条腿的锯木架连在一起，在其上用各种方法来陈列展品。架子摆放的方式使其看起来像一条有脚的蛇，从博物馆内部穿过，一直行进至室外的花园里。所以，我们就用“蛇足”来命名这个装置。艺术家黄永砯提出“蛇足”中包含一个“足”的概念，因此又进一步把“足”表现为混凝土乌龟的造型，并把它们安置在部分锯木架的腿下面。

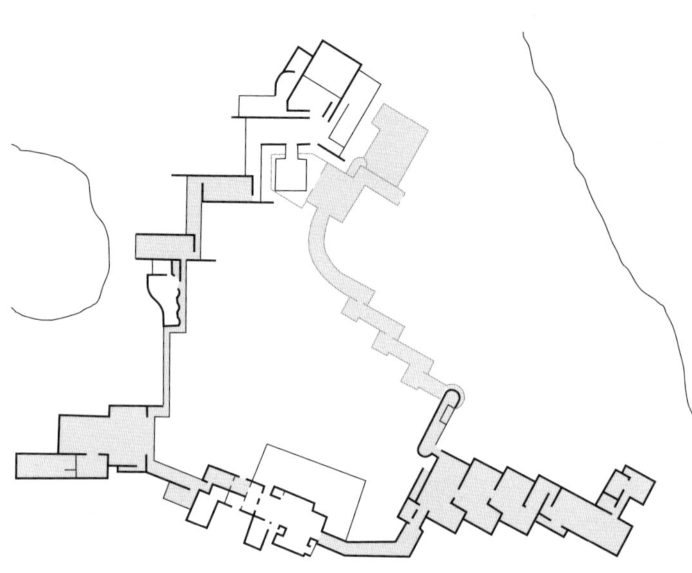

路易斯安那现代艺术博物馆的“蛇”形平面图

展品陈列在锯木架上

艺术家黄永砯给锯木架腿安上混凝土“足”

锯木架上固定了灯管，晚上给花园照明

· 像蛇一样的锯木架从博物馆的内部空间“行进”至外部的花园

· 支撑投影屏幕的锯木架

· 带混凝土乌龟足的锯木架可用作展台

回凸田

Hui Tu Tian

可大可小

——三个亚洲建筑事务所的实践

（非常建筑工作室、新加坡陈家毅建筑师事务所、中国台北季铁男建筑师事务所）

建筑联盟学院，英国，伦敦，1998年

主题：建筑联盟学院首次介绍亚洲建筑新趋势——从想法到设计皆不受规模的限制。

非常建筑：装置。

设计构思：三位建筑师以各自选择的汉字为基础设计装置并结合在一起。非常建筑不考虑字意，按字形的空间结构选择了“回”“凸”“田”，即回形空间、凸形空间、四分空间，随后以此三字的字形为基础用木龙骨和宣纸在离地面1.3米的地方围合成一个空间系列。宣纸墙面里弯弯曲曲的小路让人想起了北京的胡同。

季铁男选定了一个字，也就是他的姓氏——季。他将这个字以一气呵成的狂草形式用霓虹灯表现出来。霓虹灯也被视为对台北城市特性的暗示，并于“回凸田”中穿过。陈家毅取四个字“玩来玩去”来体现他在合作的三方中处于“之间”状态。他建了一个在东南亚户外生活中常见的地台，并把四个汉字刻进地台里面，最后形成了一种微型地景。参观者进入装置后，才能体会到所有汉字的意味，因为它们既是物质的，也是空间的。

展览平面图和剖面图

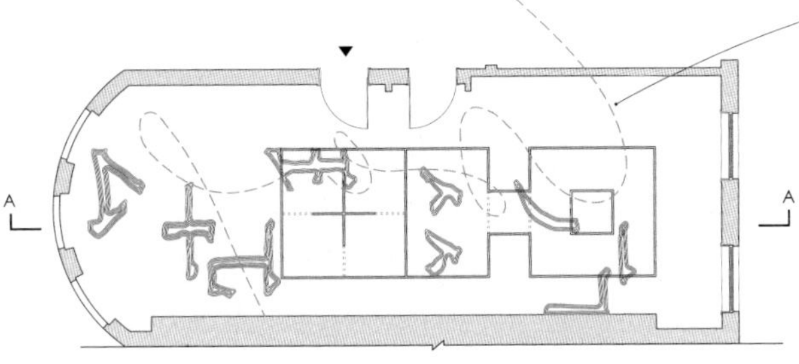

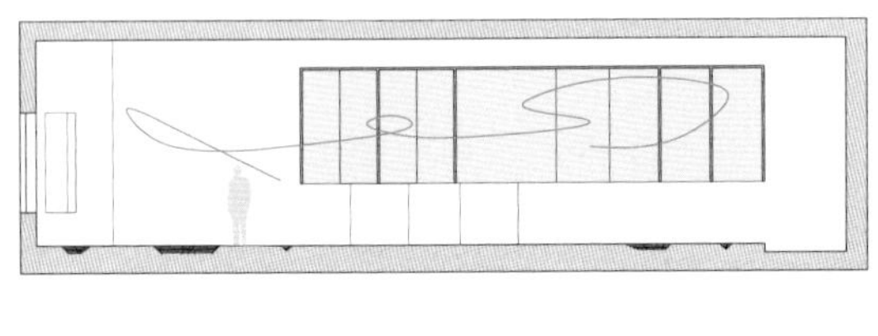

回凸田

像书法作品一样的霓虹灯从顶上悬吊下来

非常建筑的装置以“回”“凸”“田”三个字的字形为平面，用木龙骨和半透明宣纸做成一个悬在半空的空间结构

从一扇窗户中看到的装置

· 建造中的“回凸田”

· 陈家毅的装置把汉字嵌入地台中

· 看展的观众

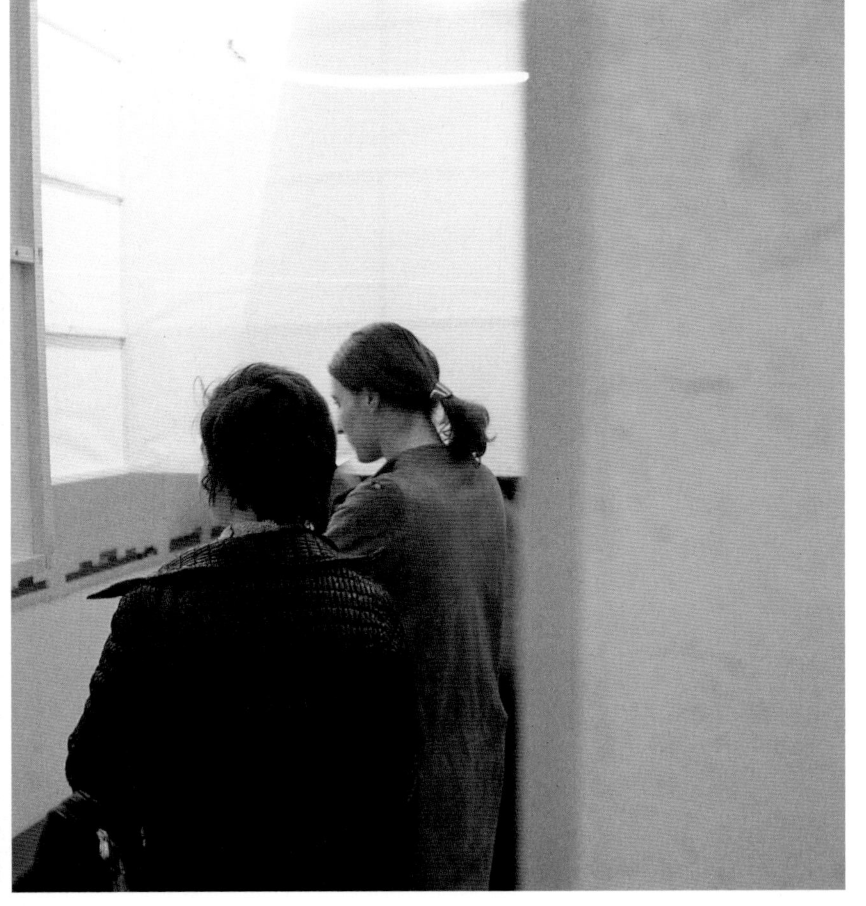

三十窗宅

Thirty-Window House

运动中的城市

奇亚斯玛当代艺术博物馆，芬兰，赫尔辛基，1999年

策展人：侯瀚如、汉斯 · 乌尔里希 · 奥布里斯特

主题： 亚洲当代城市的艺术与建筑。

非常建筑： 特定场地装置。

设计构思： 奇亚斯玛当代艺术博物馆有一个类似玻璃幕墙的大窗口。我们想要用三十个木匣子这样的装置来重建这扇窗的厚度，以实现窗洞的功能。每个木匣子上的开口形状各不相同，框柱的景色也不同。这种景框功能与中国园林建筑中窗的功能一样。由此，三十扇小窗各限定一种窗内外关系。“三十窗宅”表现的是一种与博物馆建筑本身不同的空间围合与限定，然而最终被这个装置限定的是眼睛，因此每扇窗也是一个小小的“眼睛住宅”。同时，由于窗洞很小，窗宅又创造了一种窥视的体验。“三十窗宅”设在运动中的城市展入口处，让参观者在了解亚洲城市之前，先重新认识自己所在的城市。

木匣子的立面图

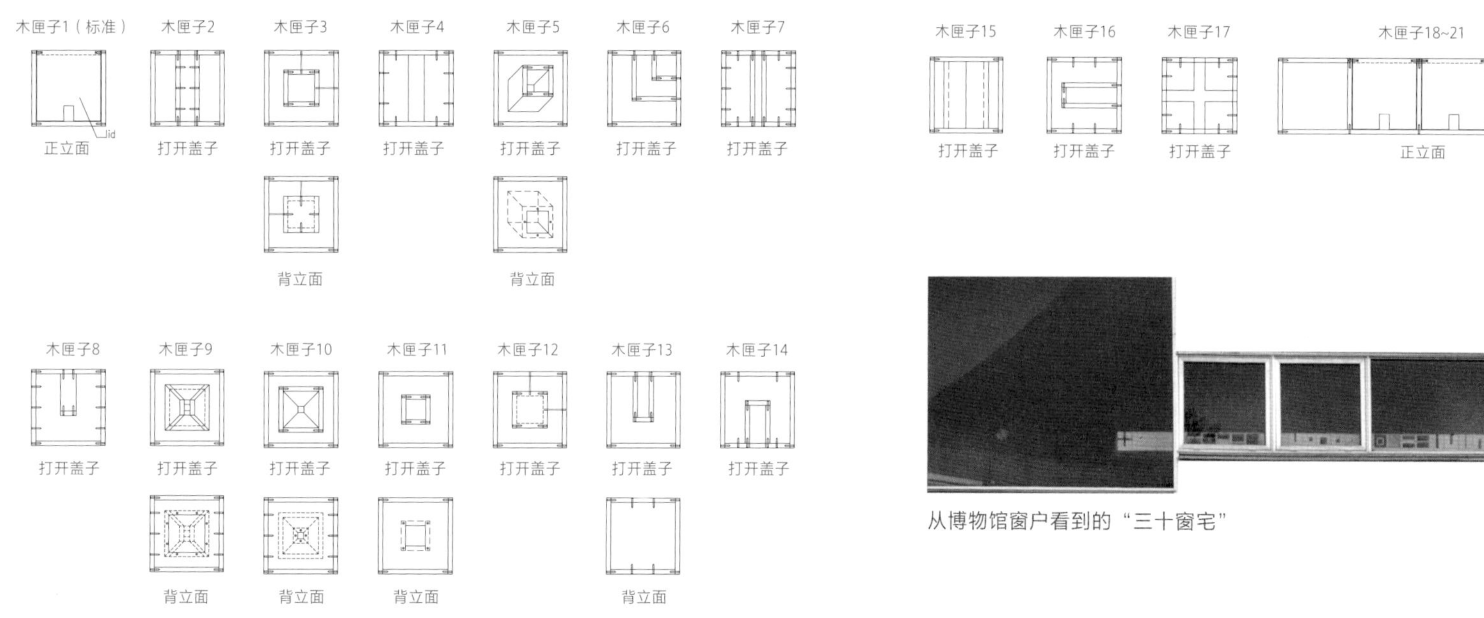

从博物馆窗户看到的“三十窗宅”

· 通过其中一些窗洞看到的景象

· 参观者通过“三十窗宅”重新认识这座城市

街 戏

Street Theater

尖峰艺术画廊

美国，纽约，1999年

策展人：侯瀚如

主题：非常建筑个展。

设计构思：我们对这次展览设计最初的思考是：尖峰艺术画廊的内部空间是否可以看作是外面教堂大街的延续？如果可以的话，那么这次展览或许可以作为一次街头的演出。我们在展场里建了一个坡道作为透视工具，坡道的底端连接外面的现实空间——坡道是街道的延续，顶端则连接着幻灯片投影，暗示另一个空间的存在。坡道上铺设着北京市的地图，暗示着一种从曼哈顿中心直接走进北京的可能性。地图上开了数个孔洞，孔洞下方悬挂着位于北京相应位置的非常建筑设计的概念模型。参观者沿着坡道到达投影屏幕前，其自身也成为这些建筑建成后的照片的一部分。然而参观者真正体验的不仅是非常建筑的作品，了解的也不仅是北京这座城市，而是纽约一处建筑空间的戏剧性转化。

铺设北京地图的坡道是外部街道的透视延续，也是从现实空间到投影空间的过渡

坡道上的孔洞

非常建筑的作品模型被放置在孔洞下方悬挂着的基座上，参观者可以透过孔洞或者进入坡道下方观看模型

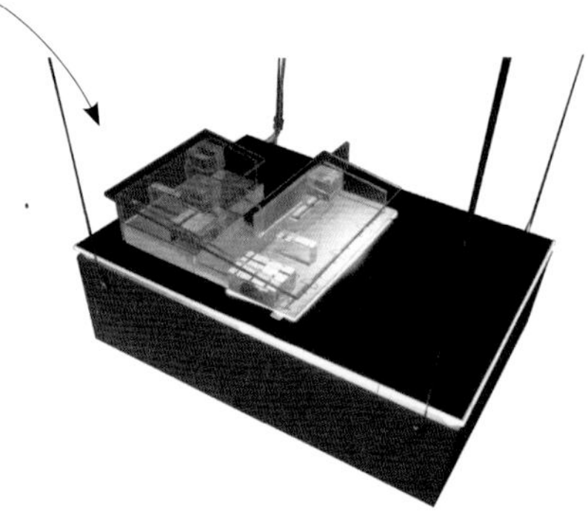

· 坡道孔洞下方展示的非常建筑的作品模型

竹化城市

Urbanizing Bamboo

威尼斯双年展：网络展

意大利，威尼斯，1999年

主席：马希米亚诺·福克萨斯（Massimiliano Fuksas）

策展人：多瑞安娜·O. 曼德瑞里（Doriana O. Mandrelli）

主题：城市——少一点儿美学，多一点儿伦理。

非常建筑：生态城市主义宣言。

设计构思：竹子是一种生长快速的常绿植物，它的根茎可以形成网络，因此竹林是一个系统。随着高密度的城市发展，中国的城市同样也是一个快速生长的系统。在城市的快速发展进程中，城市周围生态系统的平衡常常受到严重破坏。“竹化城市”试图修复受损的生态，并且进一步寻求生态系统与当代城市生活的共生。我们不反对高密度的城市发展，因为这是亚洲生活方式的一部分。通过利用竹子的系统性生长，我们考虑除了铺设水、电、燃气、电话管线以外，将种植竹子也作为城市基础建设的一部分，这样将在整个城市形成一个连续的植物网络。将竹鞭置于营养液中，竹子将会沿着城市的街道到达城市内的每一幢建筑，并进一步延伸到建筑的立面和屋顶。在此过程中，竹子可能是遮阳板，也可能是空气净化器或者加湿器。竹子可以成为富有生机的幕墙，因此“竹化城市”不是对旧生态的恢复，而是针对中国城市生态系统的改造。

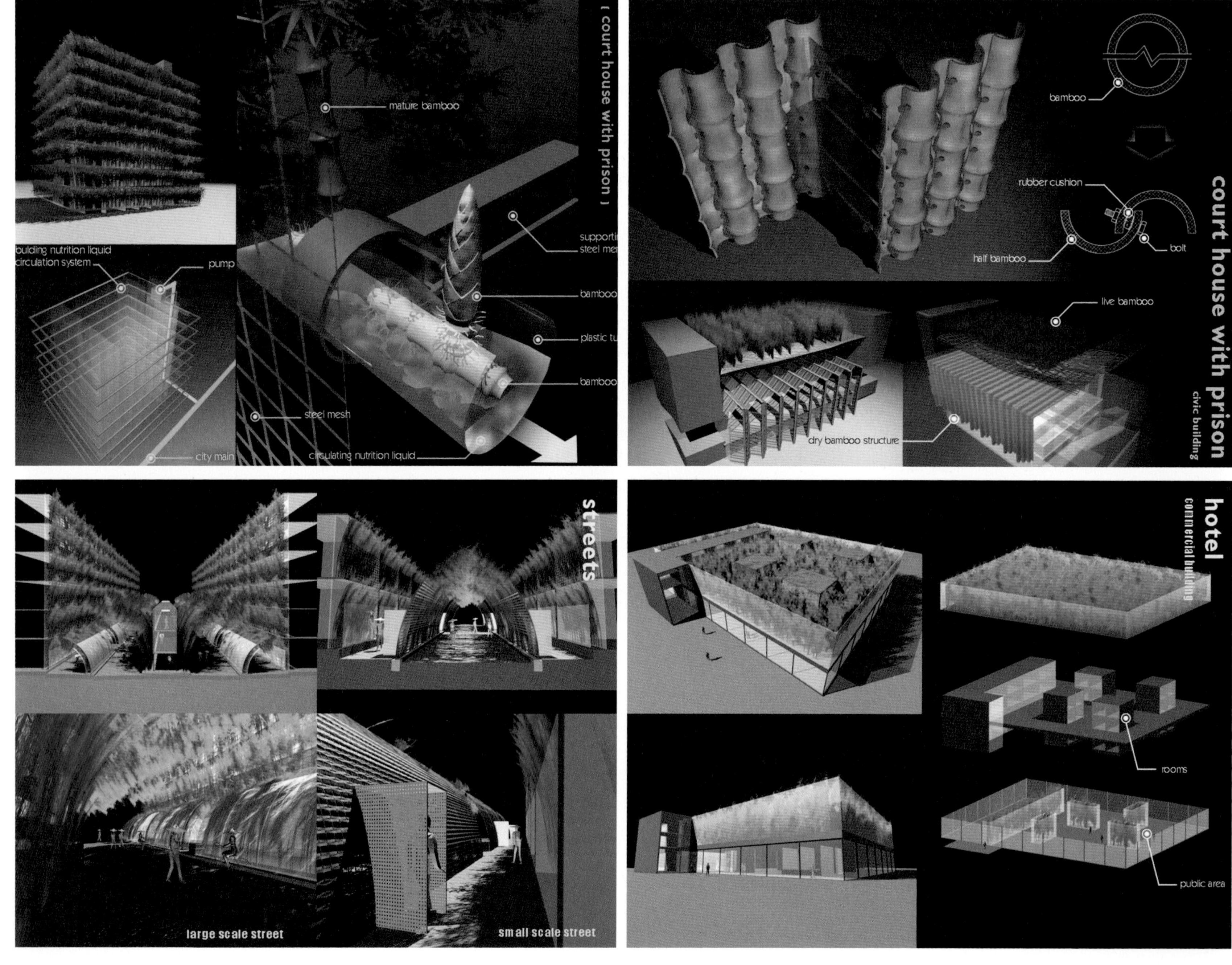
[court house with prison]
mature bamboo
building nutrition liquid circulation system
pump
bamboo
steel mesh
city main
circulating nutrition liquid
bamboo
court house with prison
civic building
rubber cushion
half bamboo
bolt
live bamboo
dry bamboo structure
streets
large scale street
small scale street
hotel
commercial building
rooms
public area

竹屏风

Bamboo Screen Door

威尼斯双年展

意大利，威尼斯，2000年

主席：马希米亚诺 · 福克萨斯

策展人：多瑞安娜 · O. 曼德瑞里

主题：城市——少一点儿美学，多一点儿伦理。此次双年展聚焦对当代城市的探索。威尼斯双年展自举办以来，这是第一次有中国建筑师参展。

非常建筑：两个特定场地装置。

设计构思：在1999年“竹化城市”概念的基础上，我们在军械库展区（Arsenale）的入口处设置了三重聚碳酸酯材料的屏风，并在屏风内部种植竹子。另一个装置放置在军械库内部，是我们设计的泉州小当代美术馆的概念模型。该模型用旧砖、旧石及旧木屋架及活竹建造。

参观者穿过军械库的入口到达“竹屏风”

从下方看到的装置透视效果

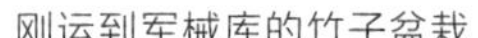

· 刚运到军械库的竹子盆栽

· 透过聚碳酸酯材料的屏风看到的竹子让人联想起中国的水墨画

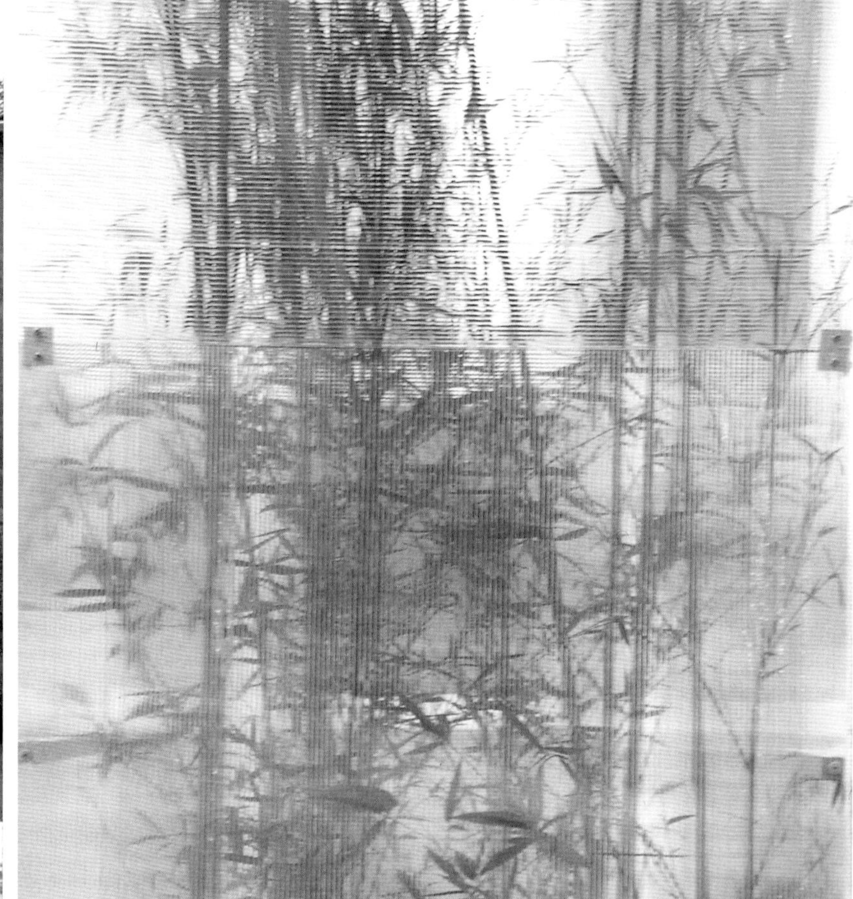

新里弄宅

New Shanghai Row House

上海双年展

上海美术馆，中国，上海，2000年

策展人：方增先、侯瀚如、清水敏男（Toshio Shimizu）、张晴、李旭

主题：上海精神。

非常建筑：特定场地装置。

设计构思：在20世纪50年代之前，传统的上海联立式里弄住宅混合了东西方建筑风格，其空间组织方式也适用于中国南方的其他城市。但是从20世纪50年代开始，国家的政治、经济等领域都发生了巨大的变化，所以我们认为，今天应对这种传统城市住宅进行重新构想。于是我们通过将房子入口的院落搬到房子中间来重构里弄住宅的空间，使户外生活更多地成为家庭生活不可或缺的一部分。上海精神在这个设计中得到了两次阐释：第一次是对多元文化的包容，第二次是不断求新。“新里弄宅”的底层平面图在展厅地面足尺展现，参观者可以进入到这个二维建筑中，想象在其中的生活如何展开。

传统上海里弄住宅的正立面及入口

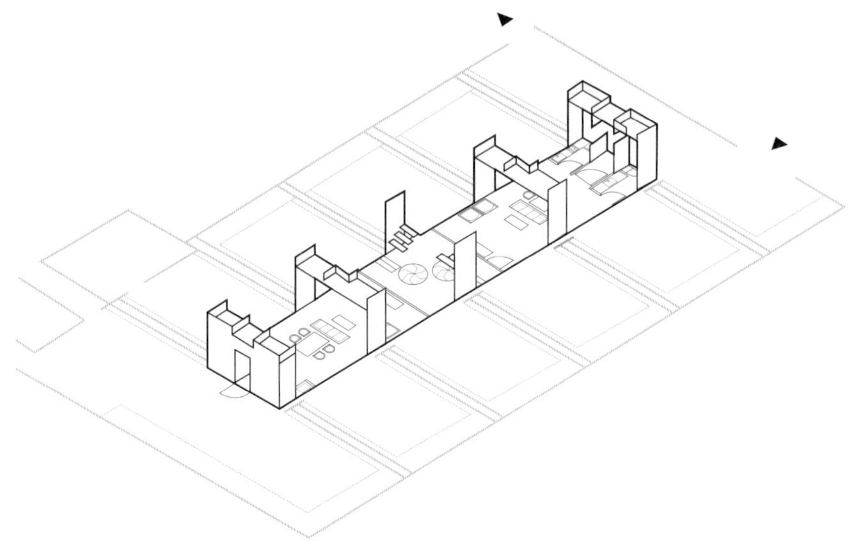

“新里弄宅”的轴测图

·“新里弄宅”的入口（浴室和厨房内部的细部）

· 从中庭看到的客厅平面布局

戏　台

Stage

深圳当代雕塑艺术展

何香凝美术馆，中国，深圳，2001年

策展人：黄专、阮戈琳贝 (Alberte Grynpas Nguyen)

主题：“被移植的现场”，探讨全球化时代文化交流的含义。

非常建筑：永久装置。

设计构思：中国传统的戏台是极其简单的，只有一张桌子、两把椅子。桌子在中间，椅子一边一把，对称布置。其实，这种布置可以作为世界上任何一出戏的布景。我们想要探究如果将这样简单的戏台移植到当代城市公共空间中会触发怎样的活动和生活场景。因此，我们将这一标志性的设计用于公园里的一种户外家具，人们可以跳上去表演，或者简单地将其作为家具。因为戏台是在室外，所以我们选用了工业钢格栅作为建造材料，这也帮助我们将过去的事物移植到现代。

"戏台"（现作为永久装置安放在深圳华侨城创意文化园）

折 云

Folding Clouds

生活在此时——二十九位中国当代艺术家

汉堡火车站当代艺术博物馆，德国，柏林，2001年

策展人：侯瀚如、范迪安、柯嘉比（Gabriele Knapstein）

主题：中国当代艺术大型群展。

非常建筑：展览空间设计。

设计构思：设计之初，我们研究了建筑师约瑟夫·保罗·克莱胡斯（J.P. Kleihues）对汉堡火车站的改造。总体上，他保留了老火车站原来的空间格局，并且在原有的建筑内部加了一个白色的衬里，看起来平滑、光亮，甚至近乎无形。与克莱胡斯的做法类似，我们也尊重给定的空间，不再做进一步的切分。我们用木材和金属薄板等较为粗糙的材料在天花板下方又加了一层界面，用一种有形打破白盒子的无形，同时也作为一个不断延伸的顶棚，像乌云一样飘浮在这个以讨论现实问题为主题的艺术展的上空。

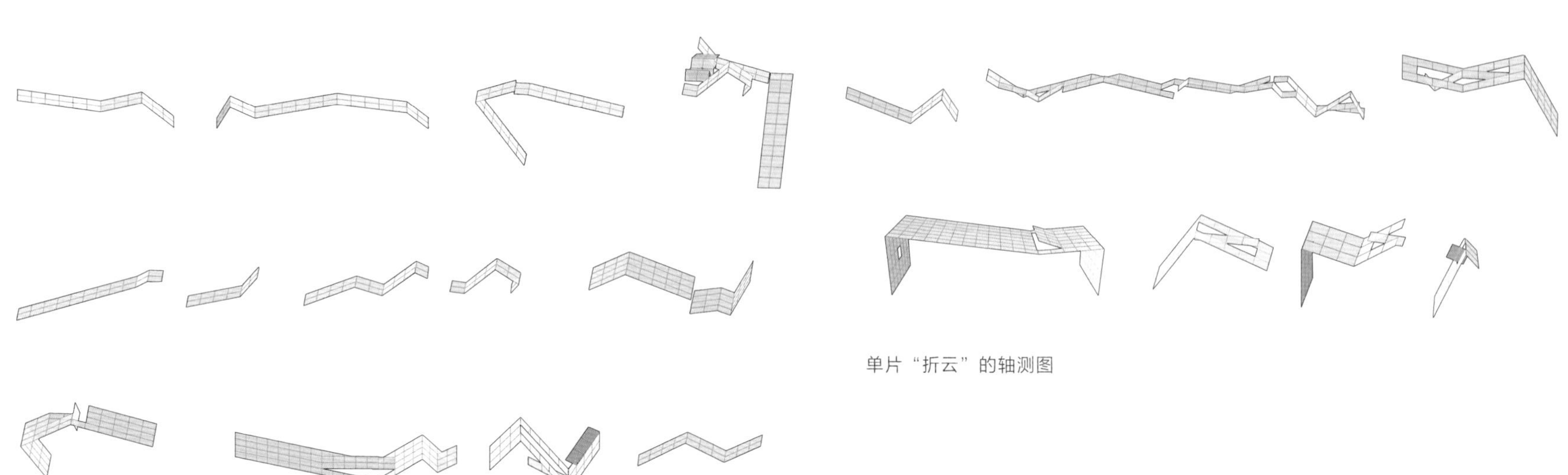

单片“折云”的轴测图

·“折云”遍布展厅

土 木

Tu Mu

中国年轻建筑展

Aedes建筑论坛，德国，柏林，2001年

策展人：爱德华·柯格尔（Eduard Kögel）、伍尔夫·麦耶（Ulf Meyer）

主题：汉语中，“土”指土地，“木”指木材，“土木”即建筑。此次展览是中国当代建筑师在西方的第一次联展。

非常建筑：三个建筑设计项目、一个装置。

设计构思：我们展示了三个建筑设计项目并且做了一面夯土屏风墙。三个项目分别是：已建成的北京大学（青岛）国际学术中心、当时还在施工的二分宅（北京）和未建造的竹塔（北京）。我们在二分宅项目中对中国传统建筑材料和工艺产生了浓厚的兴趣，如夯土墙。为了展示我们新掌握的建造方法，我们在画廊的入口处建造了一面夯土墙。夯土过程中用到的木制模板被悬吊在墙的正上方，整个夯土模块构成展览空间的入口隔断，与中国古代住宅中的影壁异曲同工。

Aedes建筑论坛入口

北京大学（青岛）国际学术中心

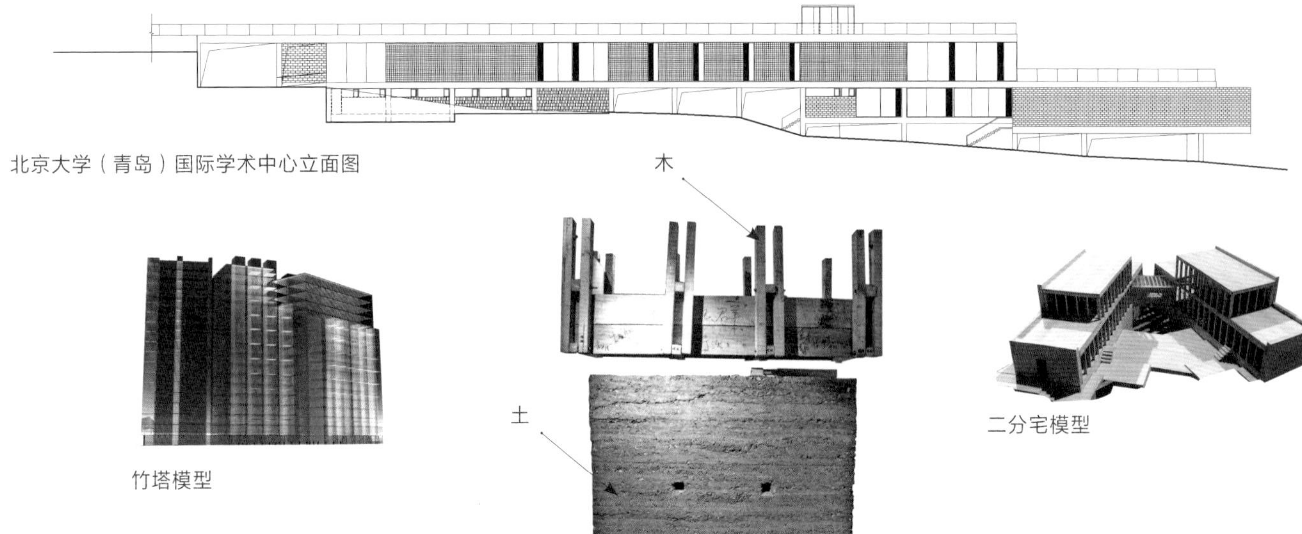

北京大学（青岛）国际学术中心立面图

竹塔模型

木

土

夯土墙和悬挂在上方的模板

二分宅模型

· 北京大学（青岛）国际学术中心的模型和图纸

· 二分宅的模型和图纸

墙 城

Wall City

第一届梁思成建筑设计双年展

中国美术馆，中国，北京，2001年

策展人：曾力、王明贤、方可、王路、王军

主题：在中国现代建筑思想家之一——梁思成先生诞辰100周年之际，展示多位中国独立建筑师和艺术家的设计作品。

非常建筑：展览空间设计。

设计构思：梁思成先生为保护北京旧城所付出的努力众人皆知。为了纪念梁先生，我们在展厅里设计了一个围合的空间，墙体一半用混凝土砌块，另一半用细木工板搭建，构成了北京这座墙城的缩影。由于经费十分有限，传统建造材料土和木的现代版——装置中用到的混凝土砌块和细木工板都是借来的，展览结束后又完好无损地还给了厂商。细木工板搭建的那一半围合墙体上有一条狭窄的通道，参观者可以在上面看“墙城”内外的展品。

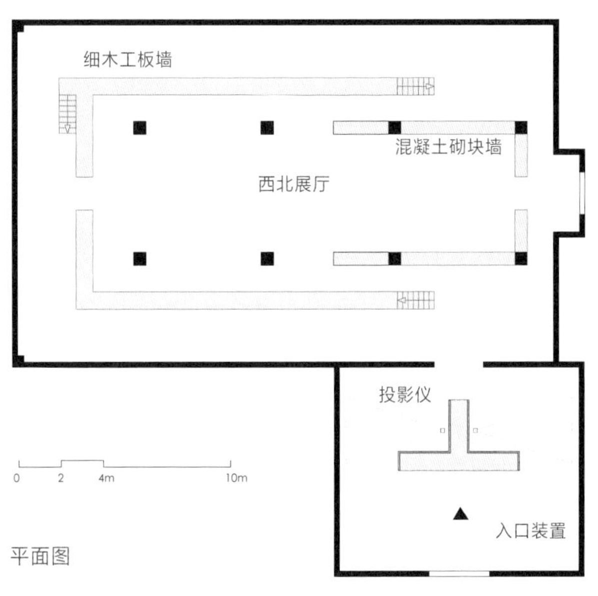

平面图

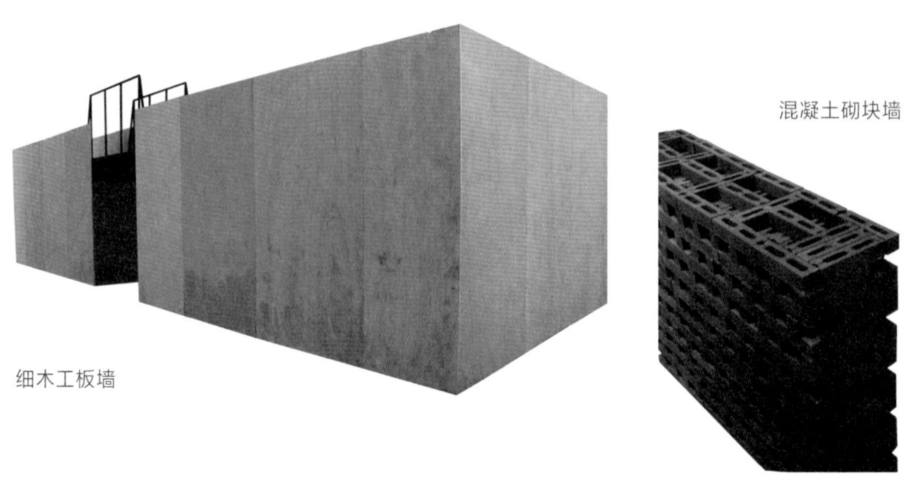

· 混凝土砌块墙

· 混凝土砌块墙和带踏步的细木工板墙

· 从细木工板墙上方看到的展厅

· 细木工板墙外侧

高 窗

High Window

北京浮世绘展

北京东京艺术工程（画廊），中国，北京，2002年

策展人：冯博一

主题：当代北京新旧文化的复杂性和冲突——城市在变迁。

非常建筑：特定场地装置。

设计构思：在考察了画廊所在的798工厂的现状后，我们希望参观者可以在展览中想象建筑物最初建造时的用途以及相应的场景。我们在画廊里通过设计强调出那个时代的一种历史精神，即革命和生产。（我们将厂房墙上的红色标语“毛主席是我们心中的红太阳”这几个字镜像复制在与墙面相对的玻璃天窗上，并且把字体改成了白色。）

六箱建筑

Six Crates of Architecture

丹下健三教席非常建筑个展

哈佛大学设计研究院

美国，剑桥，2002年

主题：丹下健三教席非常建筑作品个展。（2002年，张永和曾任美国哈佛大学设计院丹下健三教席教授。）

设计构思：我们的想法来源于展品本身的运输。如果所有的展品，包括模型、设计图、照片都要放在货箱里从北京运到波士顿，之后再运回北京，那么这些箱子也应该成为展览的一部分。我们制作了六个箱子，每个都用来运输和展示非常建筑的一个建筑设计项目。这六个装在箱子里的项目分别是：石排镇政府办公楼、西南生物工程中间试验基地、北京大学（青岛）国际学术中心、四合廊宅、河北教育出版社办公楼和二分宅。六个立方体形状的木制集装箱打开方式各不相同，符合并揭示了每个建筑背后的空间设计逻辑。现在这六个箱子被中国美术馆永久收藏。

· 展出中的“六箱建筑”

· 四合廊宅箱子前的参观者

· 箱子里装着二分宅的模型、设计图、照片

· 箱子细部

六个箱子及其打开过程

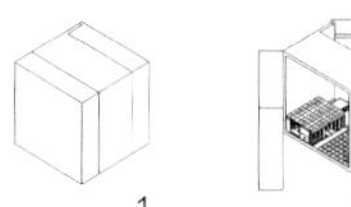
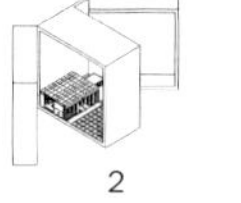
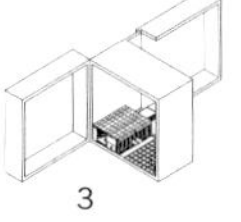

1 2 3

石排镇政府办公楼

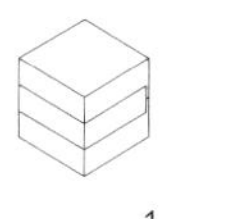
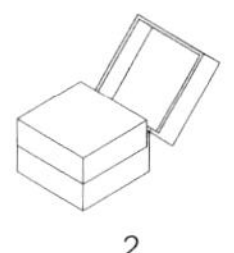
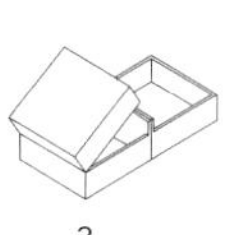
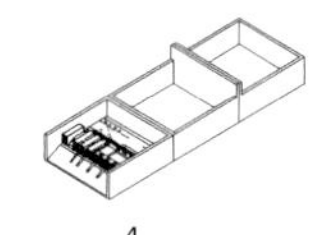

1 2 3 4

西南生物工程中间试验基地

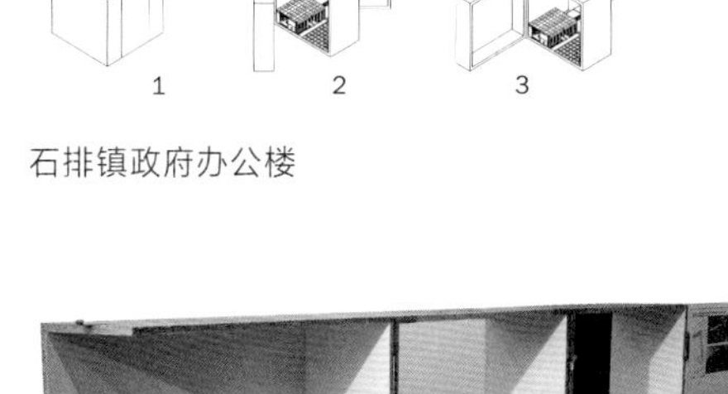

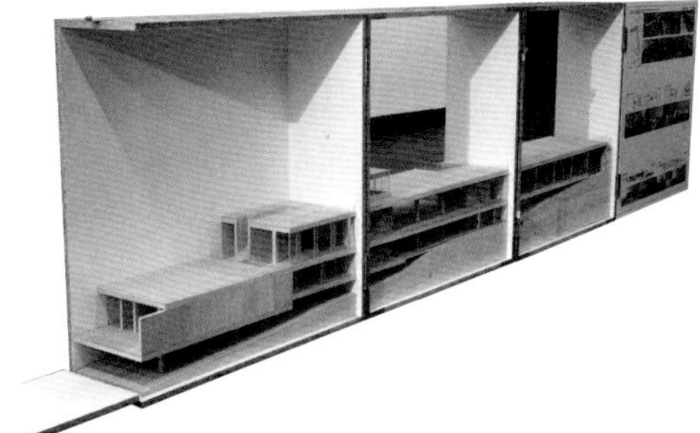

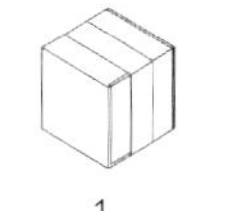
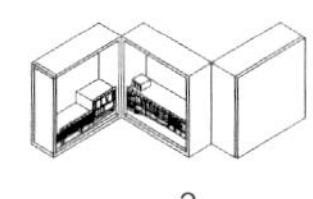
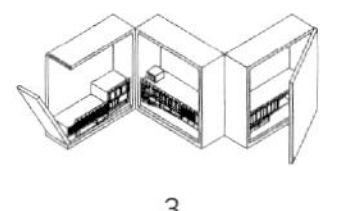
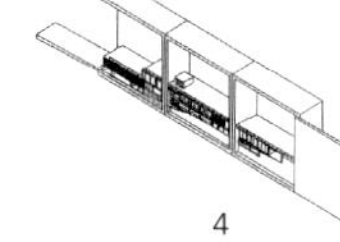

1 2 3 4

北京大学（青岛）国际学术中心

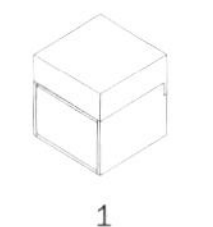

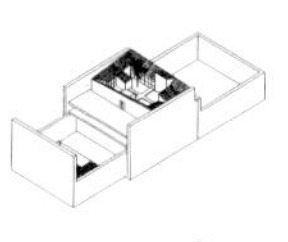

1 2 3

四合廊宅

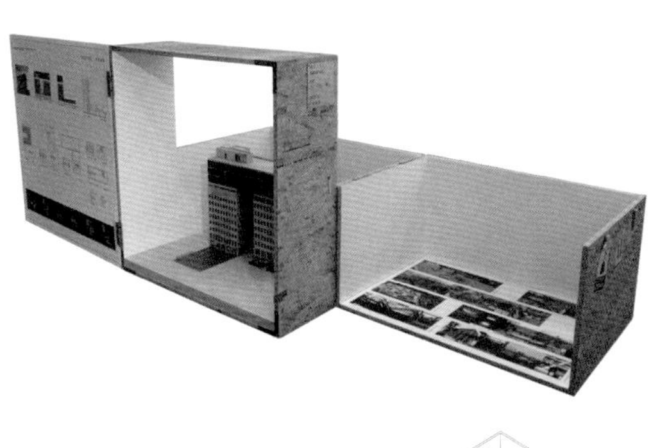

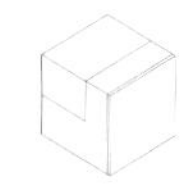
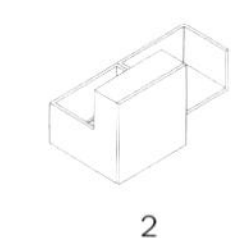

1 2 3

河北教育出版社办公楼

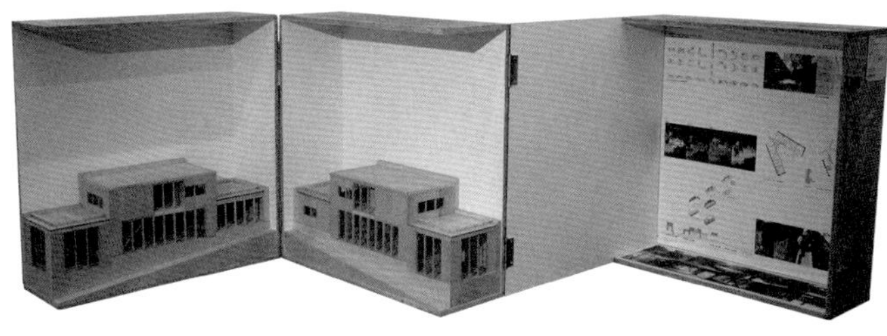

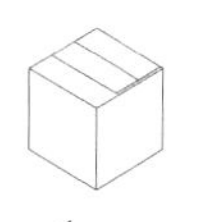
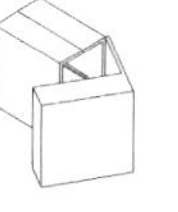
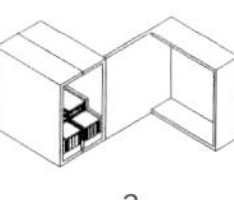
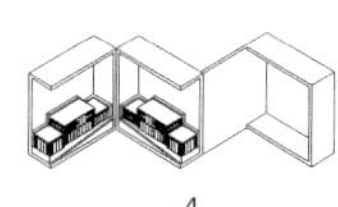

1 2 3 4

二分宅

2002年威尼斯双年展

意大利，威尼斯，2002年
双年展策展人：迪耶·萨迪奇（Deyan Sudjic）
日本馆策展人：矶崎新（Arata Isozaki）

主题：未来（双年展）；亚洲符号——创造汉字文化圈的建筑语言（日本馆）。

非常建筑：主题馆展览、日本馆展览。

主题馆展览：一组亚洲建筑师设计的项目——位于北京的“长城脚下的公社”在此展出。非常建筑参与了公社的总体规划，并且设计了其中的二分宅。二分宅是山水之间的四合院，用胶合木板和夯土建造。项目的业主凭此项目获得了银狮奖。

日本馆展览：四位建筑师分别代表四个亚洲城市：小岛一浩（Kazuhiro Kojima）代表越南河内；承孝相（Seung H-Sang）代表韩国首尔；岸和郎（Waro Kishi）代表日本京都；张永和代表中国北京。我们展示了四合廊宅，包括其总体规划和每个院落的设计。我们讨论的焦点是北京传统的城市肌理（主要由胡同和四合院构成）在城市化的“剧痛”中仍然占有一席之地。

· 二分宅模型

· 四合廊宅模型

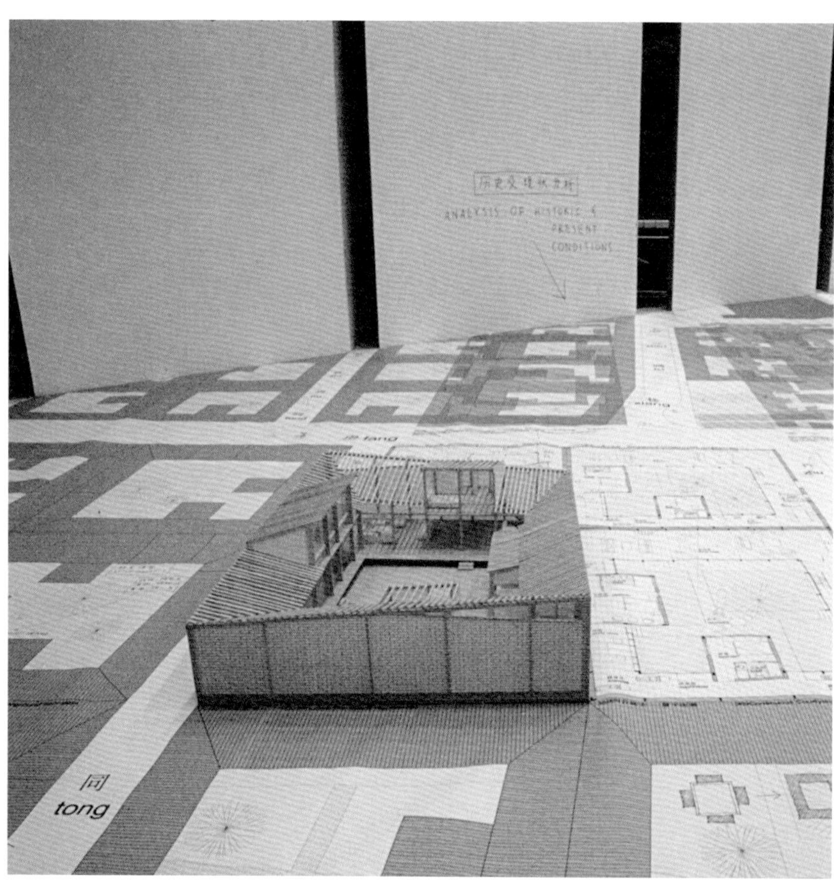

影 室
Camera

巴黎市立现代艺术博物馆，法国，巴黎，2003年
策展人：汉斯·乌尔里希·奥布里斯特、维维亚娜·雷贝格（Viviane Rehberg）

主题：这是一次涵盖建筑、影片、录像的跨学科展览，由多媒体艺术家汪建伟、影像艺术家杨福东和非常建筑合作完成。

非常建筑：展览空间设计、特定场所装置。

设计构思：“Camera”一词在拉丁文中指房间，在现代英文中指照相机，因为15世纪开始出现的一种光学仪器——暗箱，是个黑房间。在本次展览中，我们设计了四个小型展览空间，也可称为“影室”，用来展示两位艺术家的影像作品，并且用当时在中国大家熟悉的照相机品牌命名这四个影室，即宝丽来、徕卡、尼康和海鸥。每个影室都将作品的内容用一种特定的空间方式呈现给参观者，并用一种特定的材料建造，喻指对应的相机。“宝丽来”由透明塑料布搭建，暗示公共空间的看台；“徕卡”由相连的两室构成，用金属板打造；“尼康”主要由镜子构成，用来反射图像；而“海鸥”则由木质框架和宣纸建造。我们想要通过这四个“影室”将人们带入展览，让他们的“看”与“被看”同时发生。

博物馆里各“影室”的总体布局

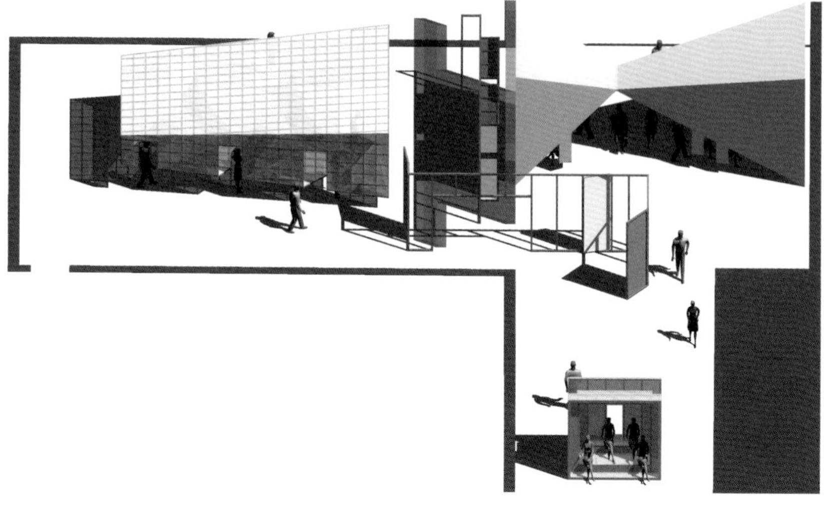

· 宝丽来

· 徕卡

四个“影室”的轴测图

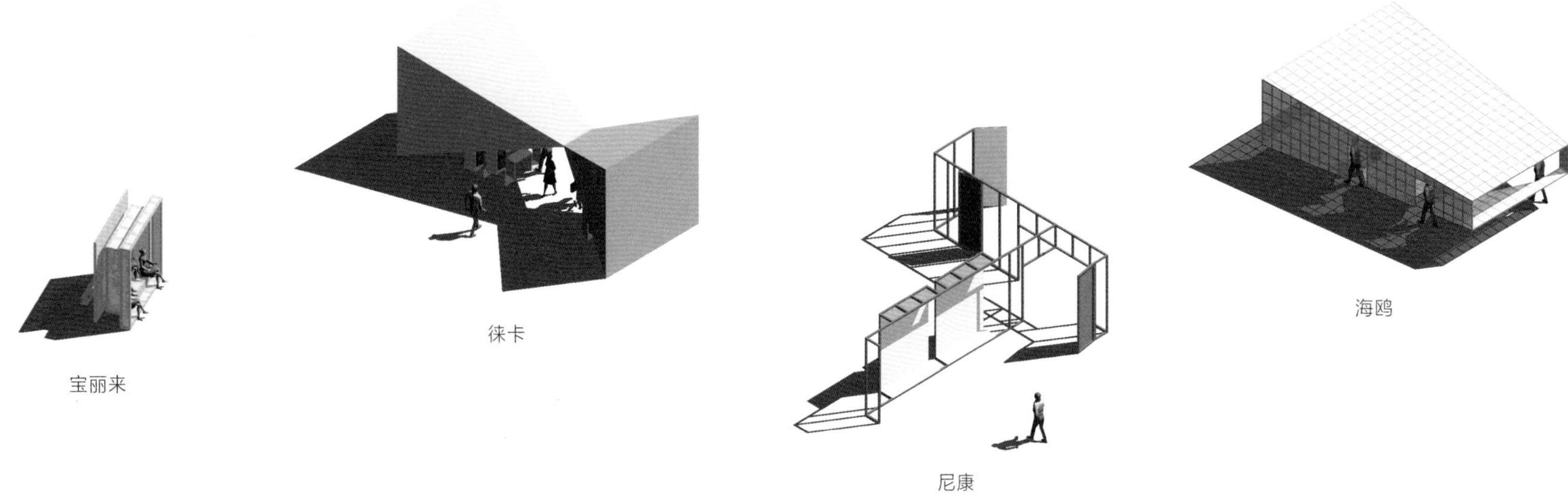

· 尼康

· 海鸥

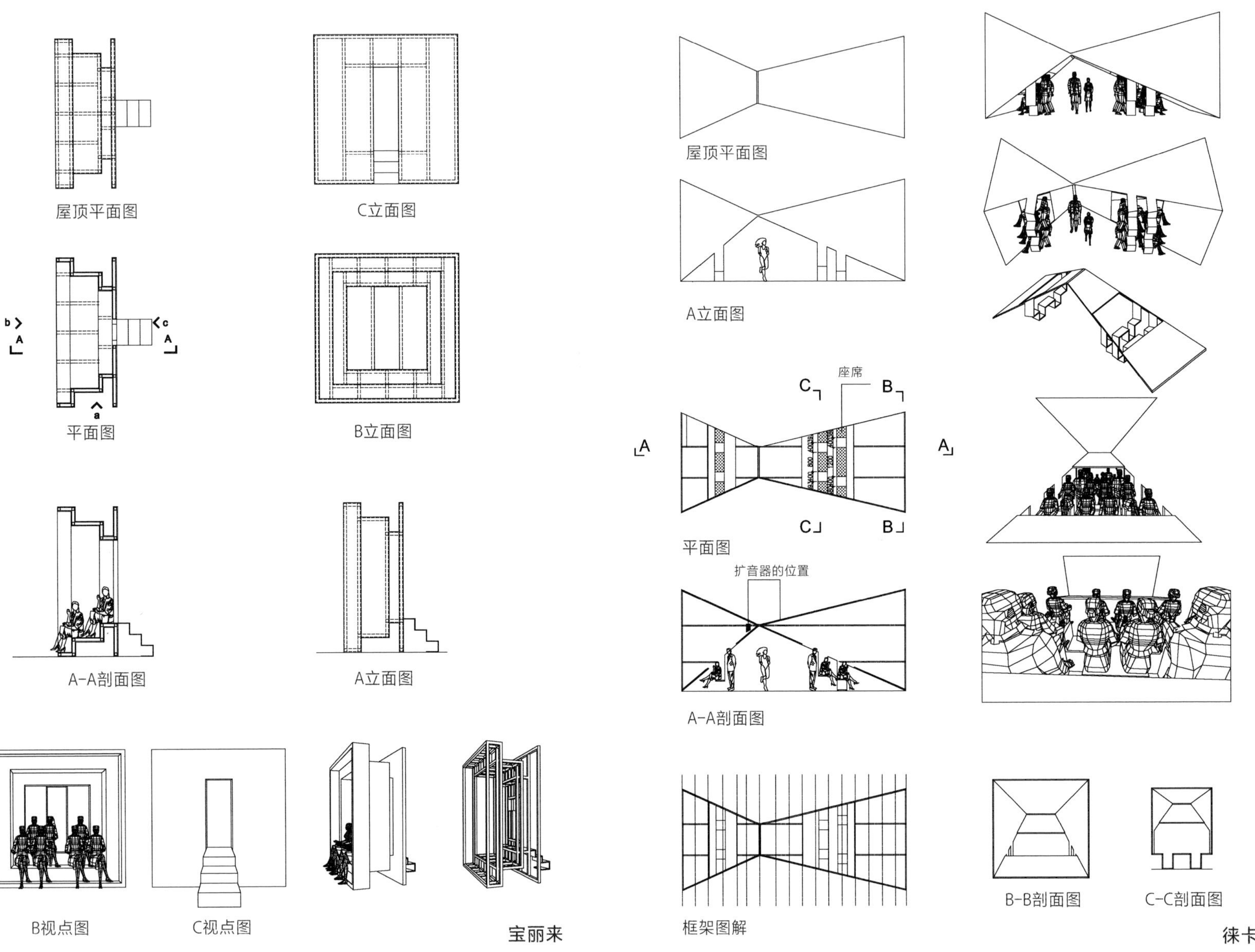
屋顶平面图
C立面图
b
A
c
A
a
平面图
B立面图
A-A剖面图
A立面图
B视点图
C视点图
宝丽来
屋顶平面图
A立面图
座席
C
B
A
A
C
B
平面图
扩音器的位置
A-A剖面图
框架图解
B-B剖面图
C-C剖面图
徕卡

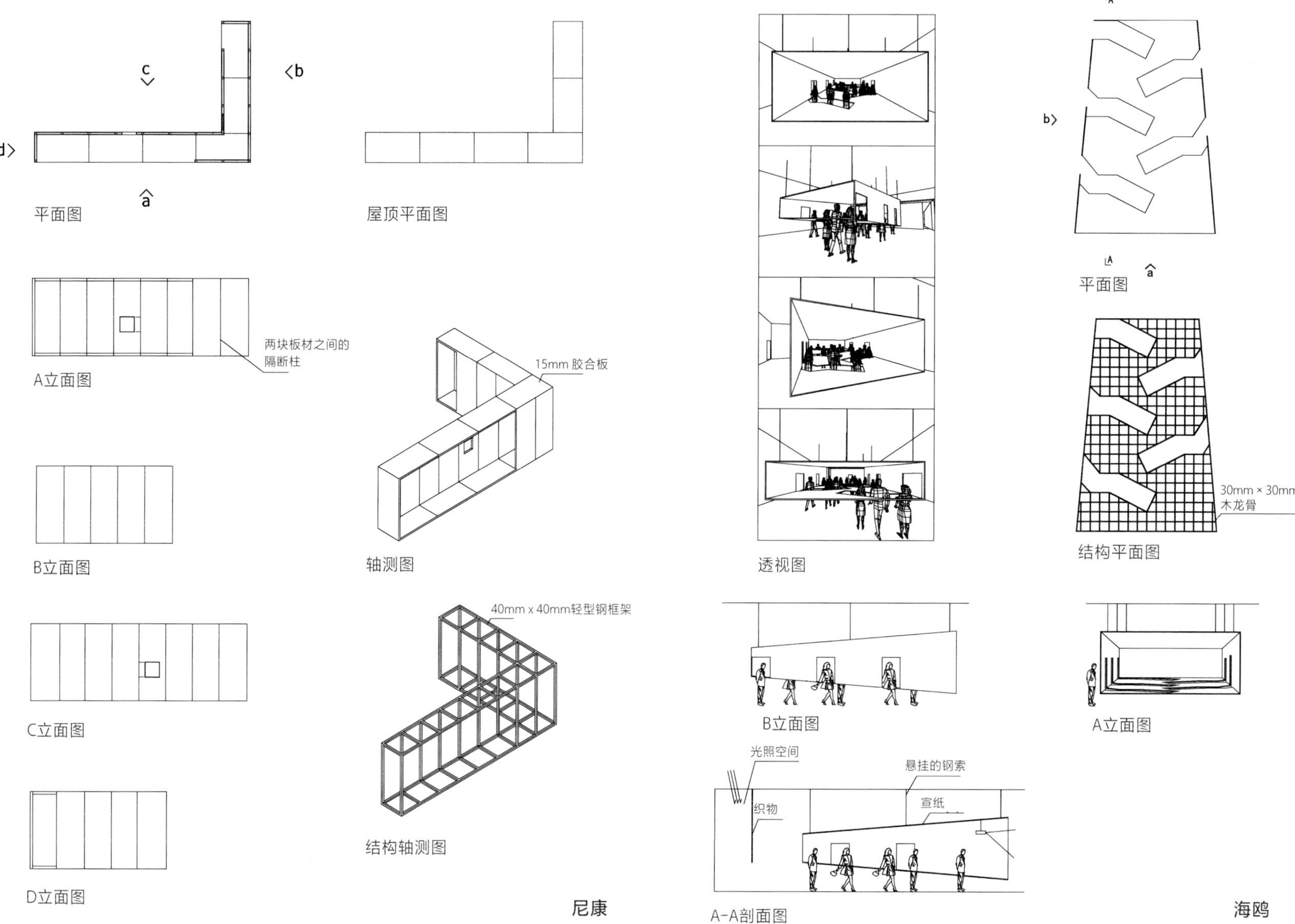
c
b
d
a
平面图
屋顶平面图
两块板材之间的
隔断柱
A立面图
15mm 胶合板
B立面图
轴测图
40mm x 40mm轻型钢框架
C立面图
结构轴测图
D立面图
尼康
透视图
B立面图
光照空间
悬挂的钢索
织物
宣纸
A-A剖面图
A
b
a
平面图
30mm × 30mm
木龙骨
结构平面图
A立面图
海鸥

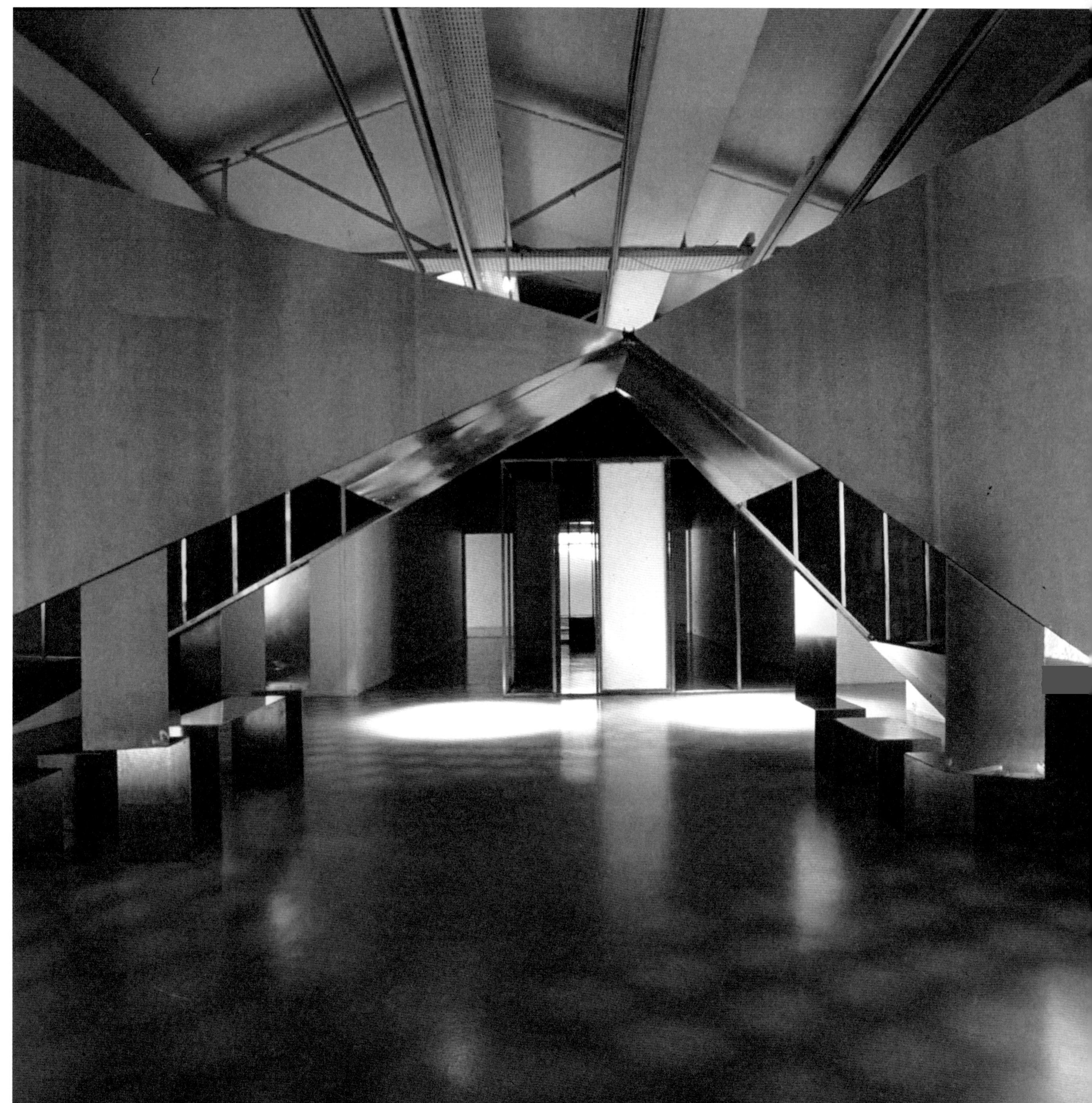

稻 宅

Rice House

越后妻有艺术三年展

日本，新潟，2003年

策展人：北川富朗（Fram Kitagawa）

背景：三年展旨在通过艺术给日益衰落的乡村带来生活、文化、经济上的活力。

非常建筑：永久装置。

设计构思：稻米是越后妻有地区的主要经济产品之一，我们自己又是生长于稻米文化之乡的建筑师。基于以上两点思考，我们设计了一个建筑装置，它不仅给外来的游客，也给当地的农民，提供了一个休息和观赏稻田风景的场所。“稻宅”是一个用钢格栅建造的装置，远观是一个取景框，近看是一个有两把椅子的亭子，它是一个概念上的住宅。“稻宅”使人们更加明显地感知四季的变化：春天在水中投下倒影，夏天飘浮在稻浪之上，秋收后伫立在稻茬之中，冬天被掩埋在积雪之下。即使在隆冬，“稻宅”也不会完全消失，人们依然可以看到杆件顶部一个比例为1：10的旋转模型，似乎在提醒着人们春天即将到来。

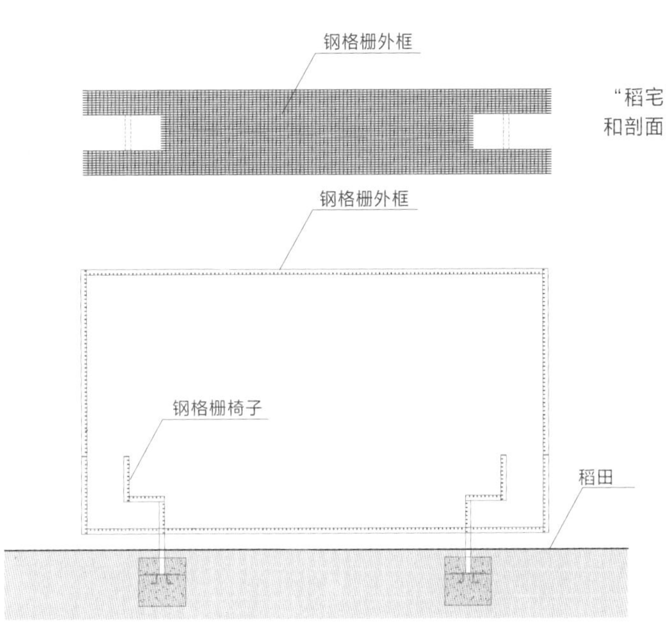

“稻宅”的平面图
和剖面图

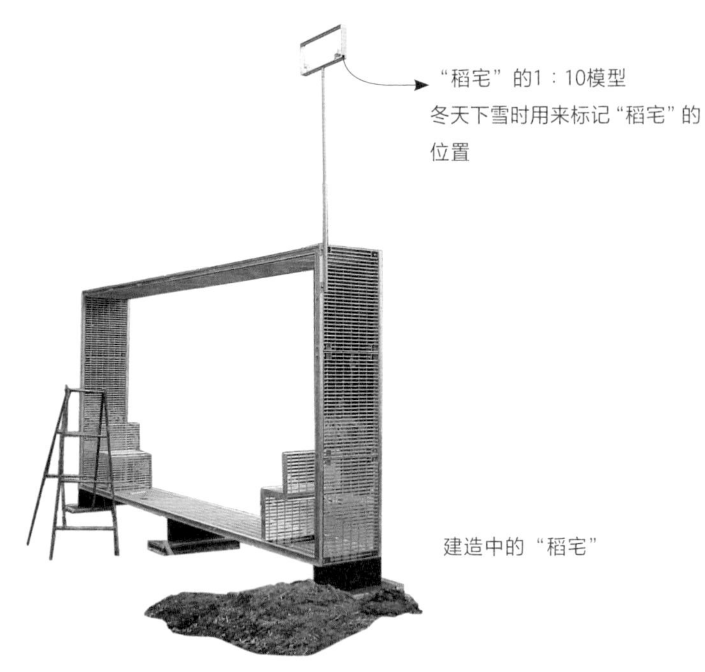

“稻宅”的1：10模型
冬天下雪时用来标记“稻宅”的位置

建造中的“稻宅”

· 秋收后的“稻宅”

· 钢格栅细部

· 使用“稻宅”的人

2003年威尼斯双年展

意大利，威尼斯，2003年
紧急地带策展人：侯瀚如
乌托邦站策展人：莫利·内斯比特（Molly Nesbit）、
汉斯·乌尔里希·奥布里斯特、里尔克里特·蒂拉瓦尼贾（Rirkrit Tiravanija）

主题：梦想与冲突。

非常建筑：紧急地带展览空间设计、乌托邦站特定场地装置设计、参与威尼斯冰雪展。

设计构思：我们用两种方式展示不稳定的状态。

紧急地带的坡地：我们对“紧急”一词的理解是一种不稳定的状态。为了营造这种感觉，我们想让军械库的地面倾斜，因此在现场新建了一个坡地。木龙骨支撑的坡地下方空间用于录像投影。

乌托邦站的“动顶”：张永和曾为这一装置写过这样一段话，“现在，停站的含义变成了过渡……我们想直观地表现‘站’的那种不稳定的状态，所以我们为乌托邦站设计了一个可以变形的屋顶，当参观者有意或无意碰到支撑屋顶的钢丝绳时，这个塑料顶棚就会颤动、变形并且发出声响。也许乌托邦或者建筑会变得更加柔软，没有原来那么坚硬，并且比以往更具有互动性。”乌托邦站的“动顶”用可回收的塑料布和钢丝绳建造。

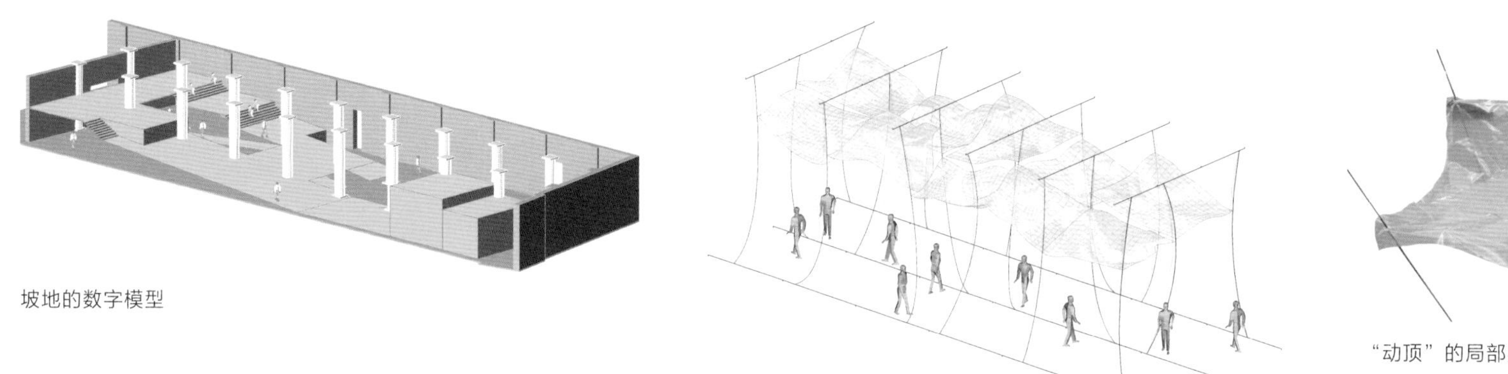

坡地的数字模型

“动顶”的数字模型

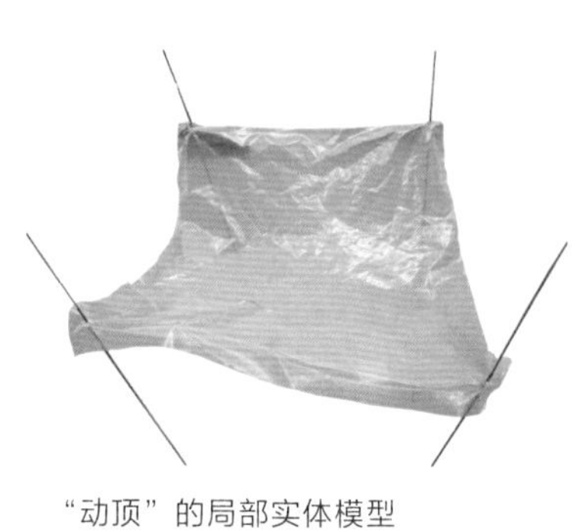

“动顶”的局部实体模型

· 展览中紧急地带的坡地

· 乌托邦站的“动顶”特写

· 展览中的“动顶”装置

折与叠

Fold/Unfold

间（法文：那么，中国呢？）

蓬皮杜中心，法国，巴黎，2003年

策展人：尚塔尔·贝雷及其团队

主题：中国当代建筑师和艺术家的大型群展，试图展现当下中国文化的全貌。

非常建筑：贯穿展览空间、博物馆内外的系统装置。

设计构思：刚开始我们设定了四个条件：第一，外观有中国特色；第二，用当代材料和技术建造；第三，展出期间无须支撑；第四，便于运输。我们想到的符合第一、三、四条的原型应该就是中国的传统家具——屏风。为了符合用当代材料和技术建造的条件，我们用三种材料建造屏风，包括竹竿和苇席、PVC管和宣纸，以及金属波纹板，但这些屏风都用钢管骨架。为了方便运输，这些屏风在北京的时候都被折叠起来，到巴黎再展开。我们将这些屏风放置在蓬皮杜中心的多个位置来分隔空间。

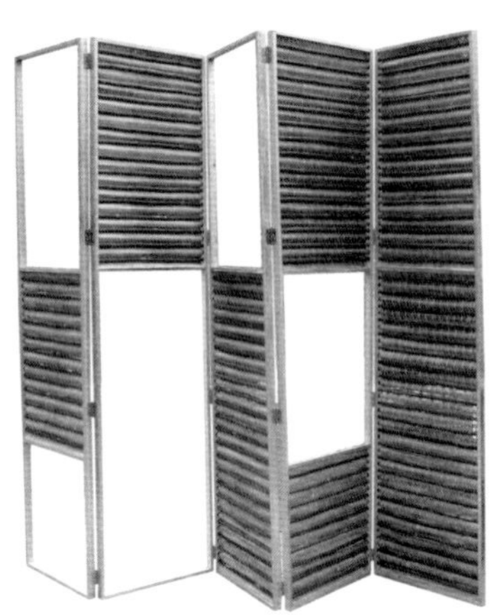

屏风1：竹竿和苇席

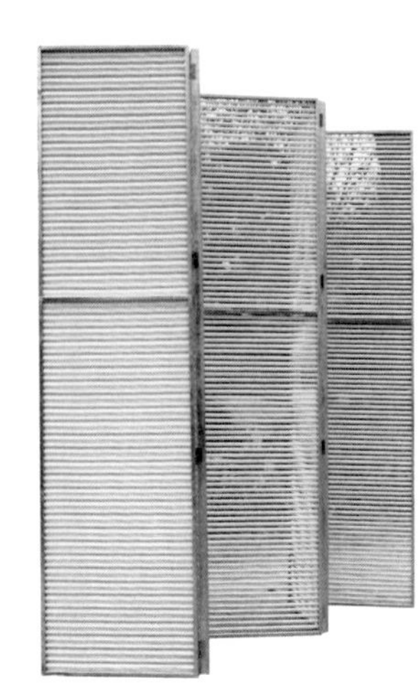

屏风2：PVC管和宣纸

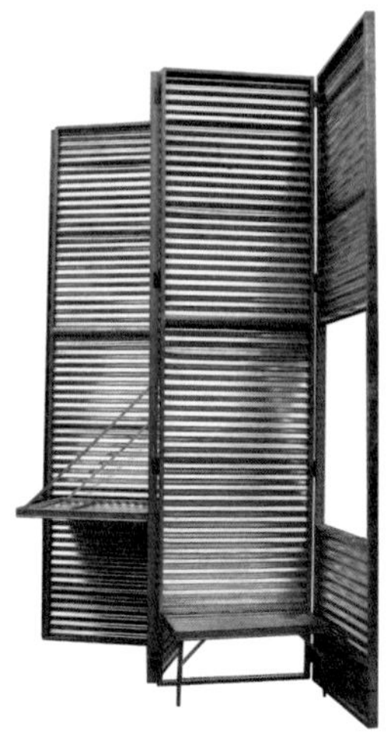

屏风3：金属波纹板

· 屏风1、2、3材料细节图（从左到右）

· 安装中的PVC管和宣纸屏风

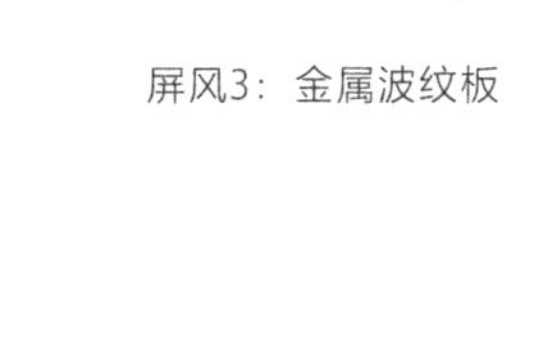

· 安装中的金属波纹板屏风

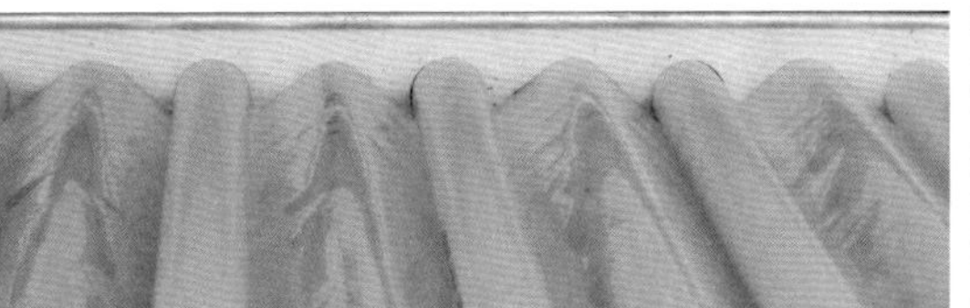

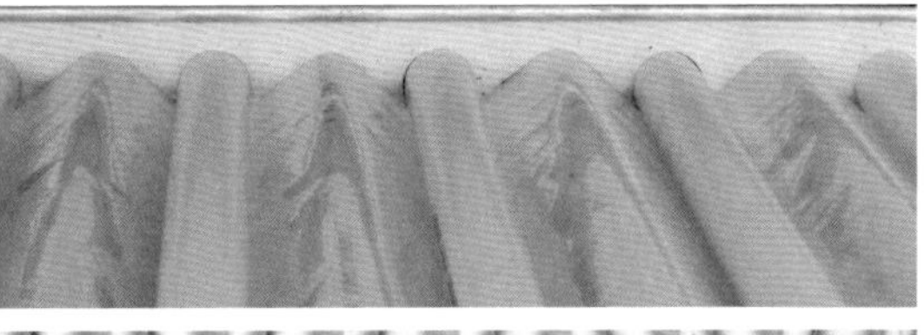

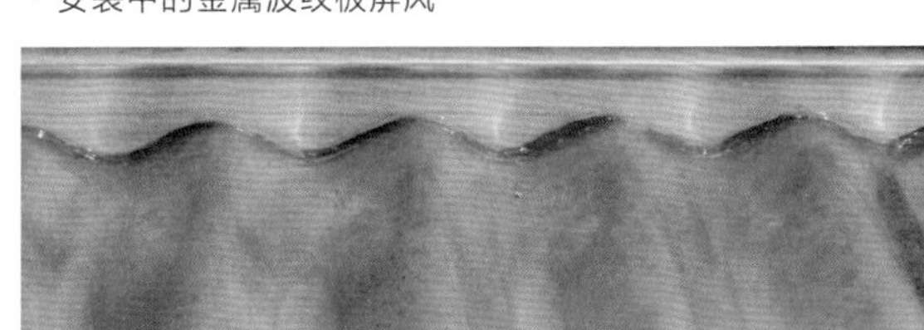

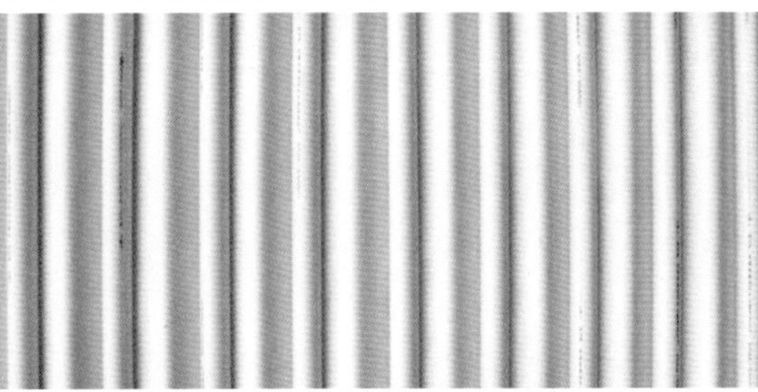

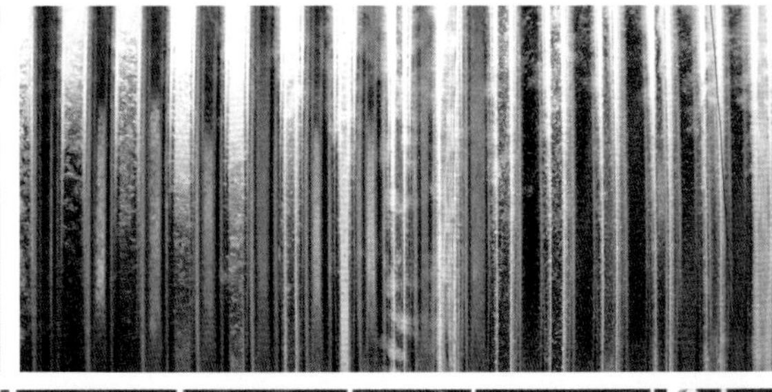

承孝相 × 张永和—Works：10 × 2

Seung H-Sang, Yung Ho Chang—Works: 10×2

“间”画廊，日本，东京，2004年
监修：村松伸（Shin Muramatsu）

主题：超越东亚的国家边界——承孝相、张永和作品展。本次展览是双人展，目的是针对东亚的新兴建筑展开对话。

非常建筑：两个装置，三项研究。

装置：我们在“间”画廊设计并建造了两个夯土台，并在夯土台中加入竹筒以减轻台体的重量。其中一个夯土台在画廊内，既可用作摆放模型的台面，也可用作架子收纳卷起来的海报。夯土过程中用到的模板固定在墙上用来展示图纸。另一个夯土台在画廊外的庭院中用作招待服务台，建造过程中用过的模板被悬挂在该台的上面。

三项研究：这是对非常建筑当时在三个方面所做的实践的视觉分析，即概念设计、社会实践和艺术装置，这三者对我们来说都是研究形式。我们做的建筑设计包括北京的山语间别墅、二分宅、未建造的四合廊宅、北京大学（青岛）国际学术中心、韩国坡州三湖出版社办公楼、东莞石排镇政府办公楼、石家庄的河北教育出版社办公楼以及东莞松山湖生产力大楼。两项总体规划，包括杭州五常水乡和南宁柳沙半岛项目都未实现。

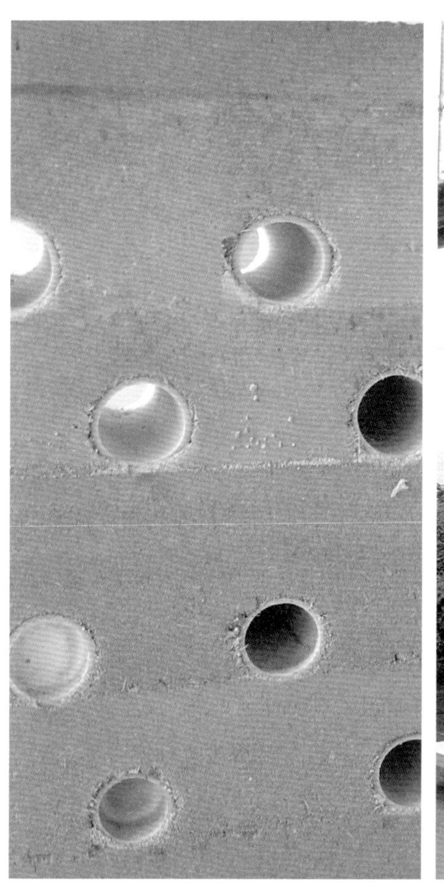

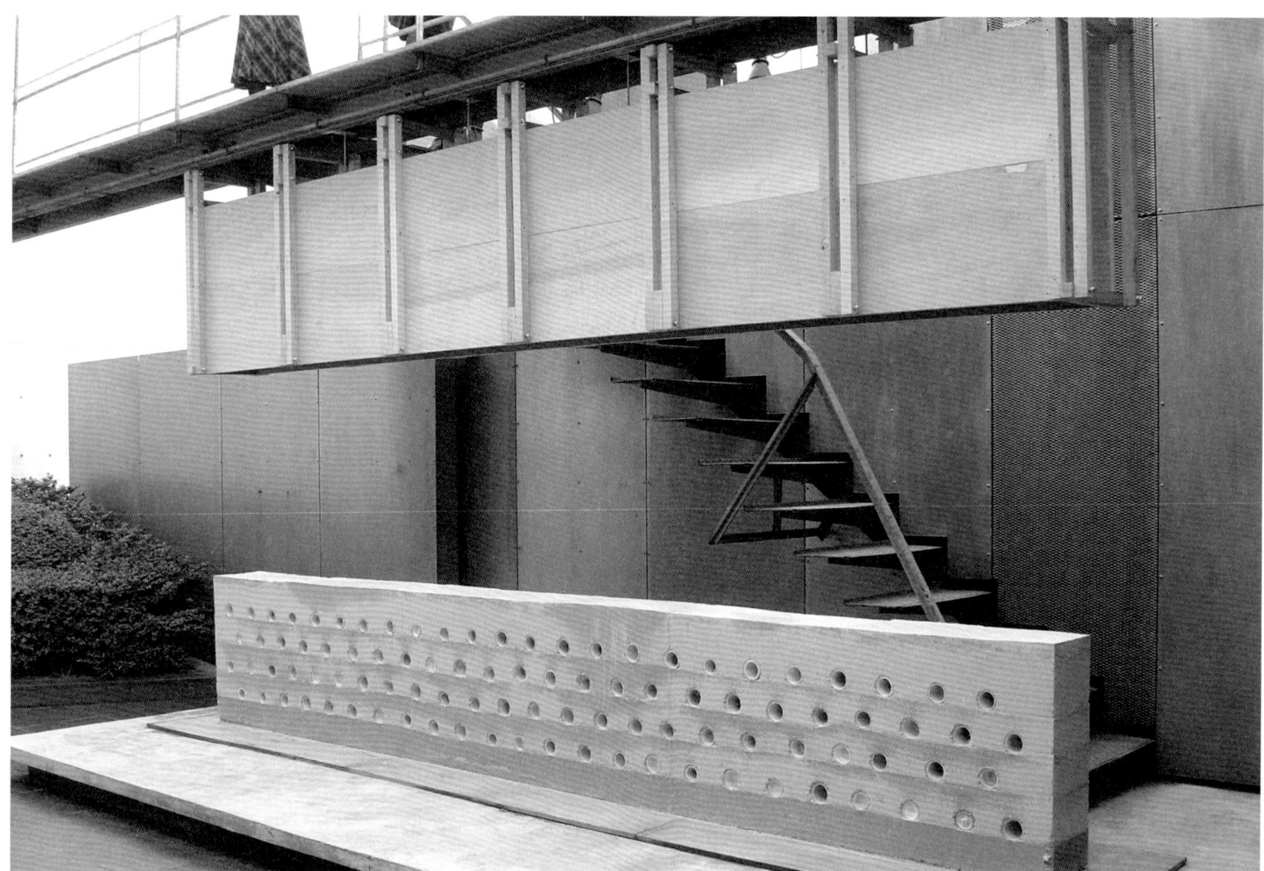

· 夯土过程

· 夯土台展示模型和海报，模板固定在墙上展示“三项研究”图纸

纸相机

Paper Cameras

台北双年展

台北市立美术馆，中国，台北，2004年

策展人：范黛琳（Barbara Vanderlinden）、郑慧华

主题：在乎现实吗？以问号结尾的主题试图讨论人们如何看待如今不断变化的世界。

非常建筑：设计大厅中录像和影片的展示空间设计。

设计构思：我们为台北双年展设计的一系列观看空间，实际上是2003年我们在巴黎市立现代艺术博物馆做的“影室”装置的改进版。巴黎的装置用不同材料建造，并安装在地面上。而在台北的六个形状各不相同的取景器则是用宣纸这种带有地域特色的材料建造，并且悬挂在美术馆大厅的天花板上。作为建筑师，我们提出的问题是：从建造的视角，你看到了什么样的现象与本质？

总体布局图解；
台北市立美术馆大厅中的六个取景器的位置

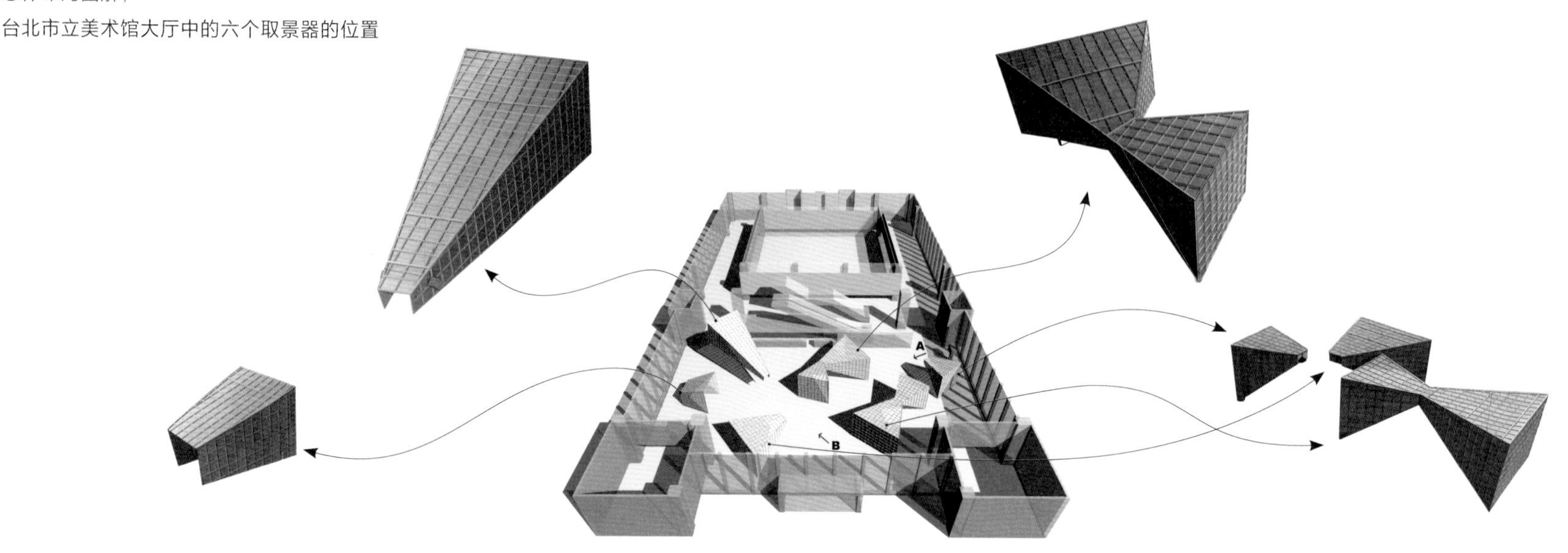

· 取景器装置鸟瞰

· 木龙骨宣纸取景器的细部

· 取景器的悬吊系统

· 取景器内的投影仪和屏幕

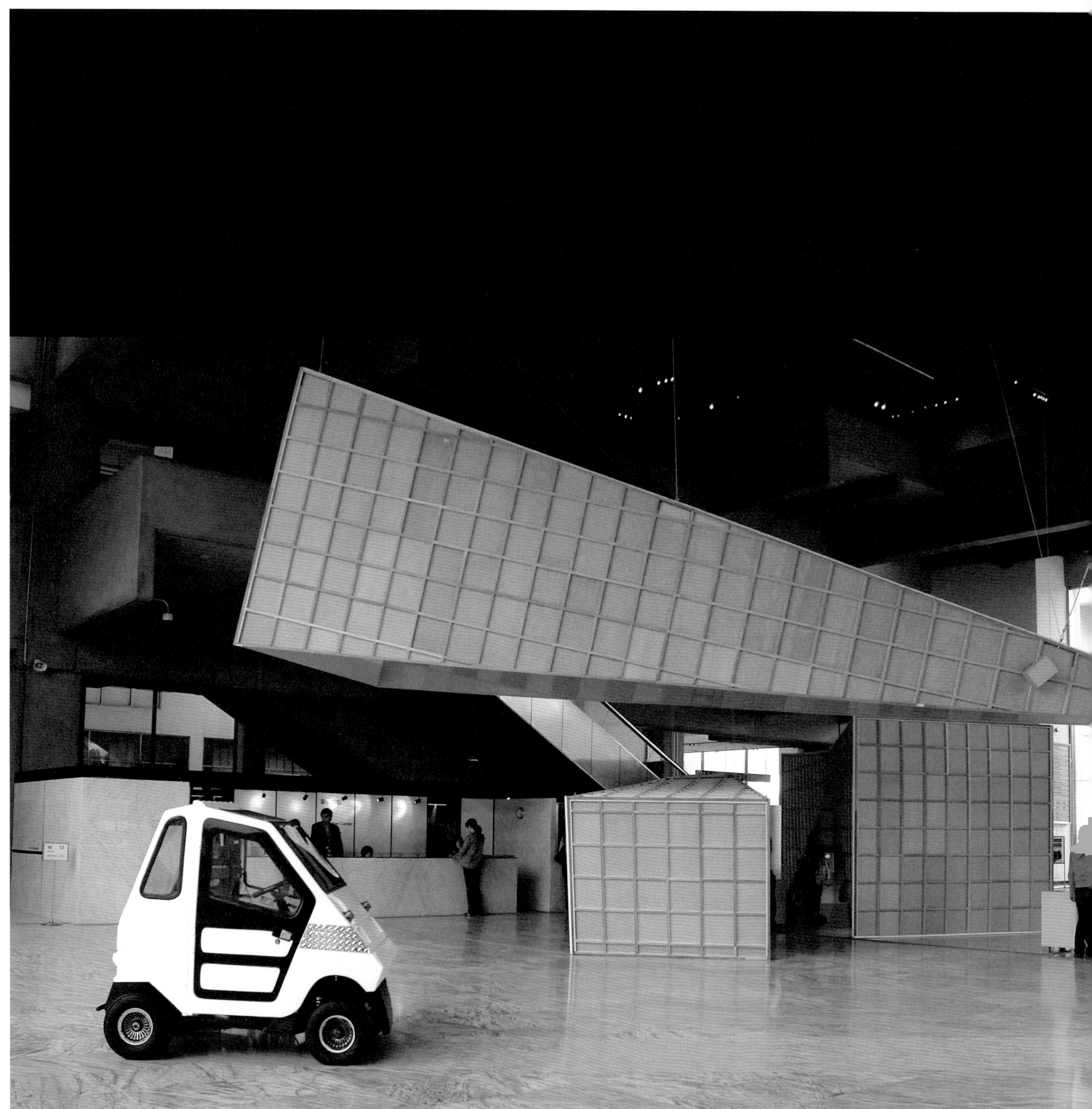

竹 跳

Bamboo Shoots

威尼斯双年展（中国馆）

意大利，威尼斯，2005年

策划人：范迪安

策展人：蔡国强

主题：艺术经验，行者无涯。

背景：这是威尼斯双年展历史上第一次出现中国馆。我们的工作是为纪念这一重大事件设计一个临时建筑物，而不是真正提供展览空间。

非常建筑：特定场地装置。

设计构思：处女花园所在的地方是一个考古遗址，地下大约一米处是一个修道院，这就要求我们的装置的重量很轻并且不需要牢固的地基。竹子坚硬又柔韧，可以通过中国南方传统的竹编工艺弯曲并编织成一种轻触地面的结构。最终，我们将装置做成了雕塑的形式——弯曲的竹子从一个点跳向另一个点，从而创造了由跳跃着的拱组成的通透的网。整个作品由一组来自福建泉州的手工艺人负责组装完成。

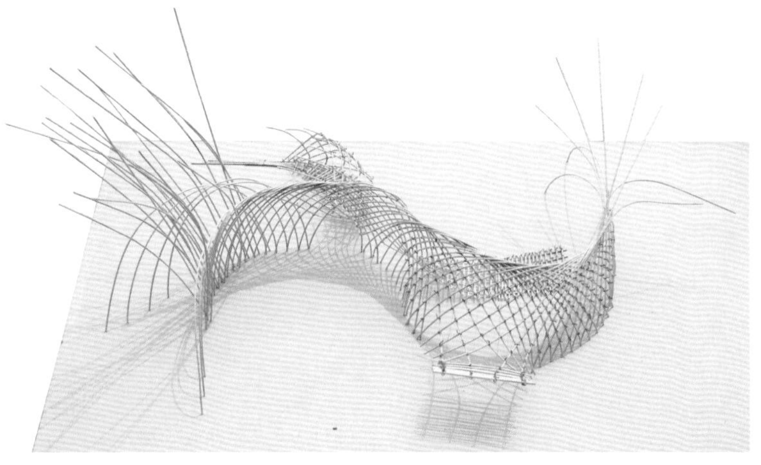

“竹跳”模型

工人预先将竹子弯曲

· 建造中的“竹跳”

塑与茶

Poly & Chai

约翰 · 马德伊斯基花园，维多利亚和阿尔伯特博物馆，英国，伦敦，2008年
策展人：劳伦 · 帕克（Lauren Parker）

背景： 每年夏天，维多利亚和阿尔伯特博物馆都会委托一位艺术家、建筑师或者设计师在约翰 · 马德伊斯基花园做一个装置。2008年，非常建筑获邀参与这个项目，同时恰逢博物馆举办大型展览“创意中国——当代中国设计展”，非常建筑也有其他作品参展。

设计构思： 为了打破传统装置的物体属性，我们的设计遍布整个约翰 · 马德伊斯基花园。受到中国传统园林的启发，我们用100多片自立式屏风在庭院内形成不同的透明层次和景观。巨大的庭院被划分成若干个小区域，为参观者提供了多样的遮阴空间任其逗留、休闲、散步和玩耍，这在无形之中给空间增添了活力。然而，为了将设计带回现实，我们选用了普通的实用工业材料——聚乙烯塑料的植草砖作为基本构件。在中国，这种植草砖被广泛用于停车场、车行道和建筑工地的地面铺装，是可以百分之百回收的。屏风由非常建筑在北京组装，之后装在集装箱里运送到伦敦。

塑料植草砖的细部

塑料植草砖被运往现场

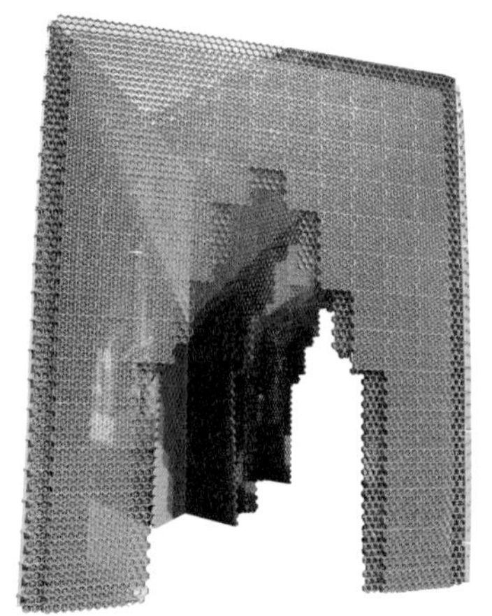
安装好的屏风单元

透过附近的一扇窗户看到的屏风

· 现场组装的屏风

· 安装好的屏风展现了空间的多层次和透明性

· 屏风的细部

屏风的安装过程

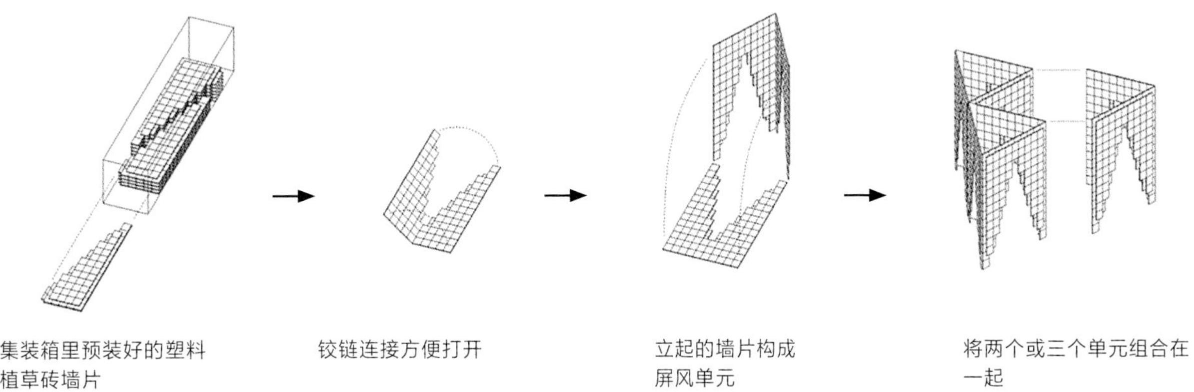

集装箱里预装好的塑料植草砖墙片

铰链连接方便打开

立起的墙片构成屏风单元

将两个或三个单元组合在一起

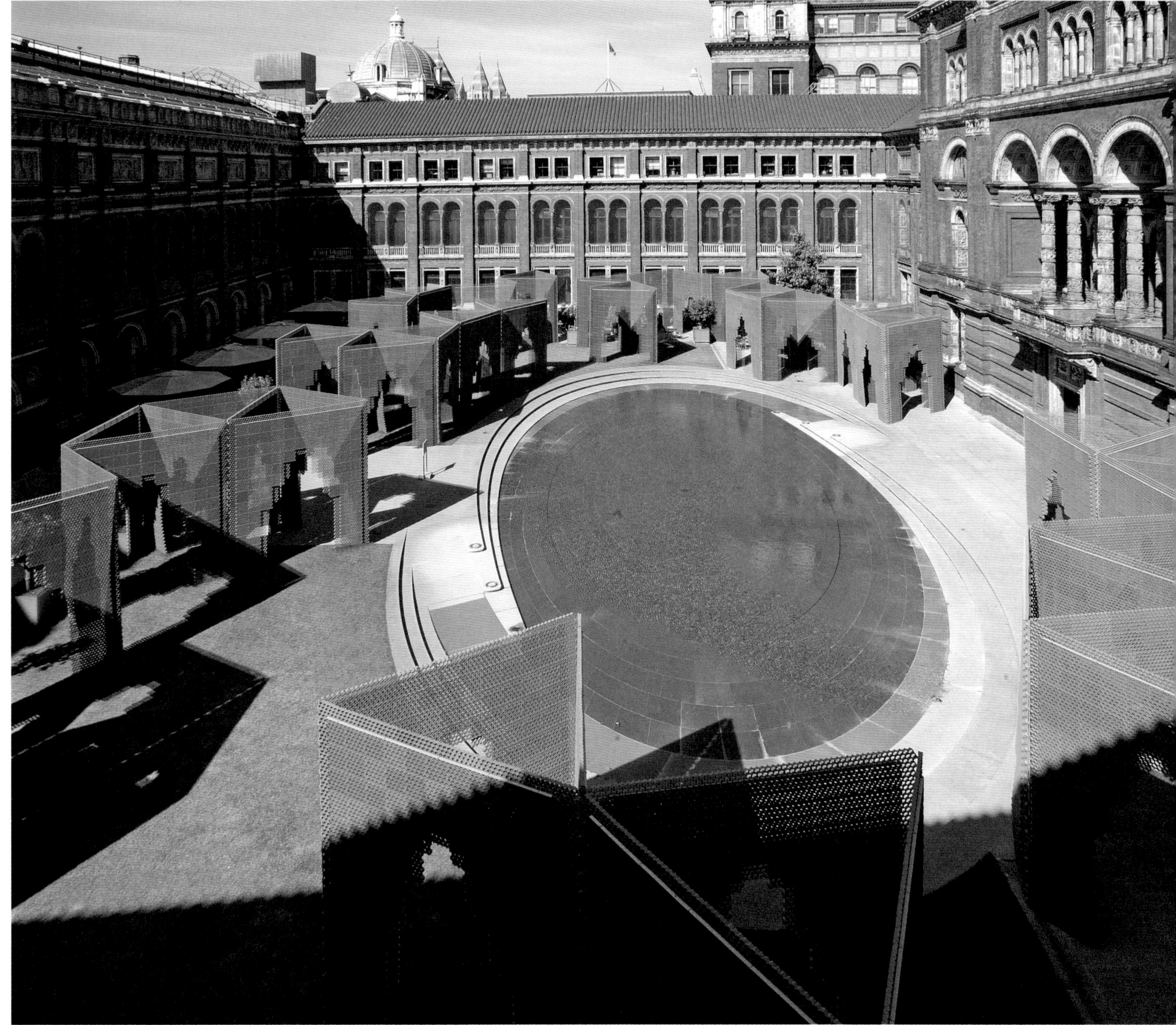

人体监狱

YOUprison

桑德雷托·瑞·瑞宝迪戈基金会，意大利，都灵，2008年
策展人：弗朗西斯科·博纳米（Francesco Bonami）

主题：对于空间和自由界限的思考。全球11个建筑师事务所展示了他们对于当代监禁的实质和象征空间的探讨。

非常建筑：装置。

设计构思：从本质上讲，监狱是用来将人体囚禁在房屋界限内的建筑。因此，“囚禁”让人构成建筑的一部分。该装置的建造原则是：用有机玻璃圆柱作为支撑结构，将多层阳光板叠加起来形成一个体块，并在其内部空间雕刻出一个可以容纳人体的镂空形状。从外面看，被囚禁的人体像是被建筑分割了。参观者可以打开装置并进入其中，直接体验这个概念监狱。最终，这个装置的设计也暗示：建筑是人类体验的化身。

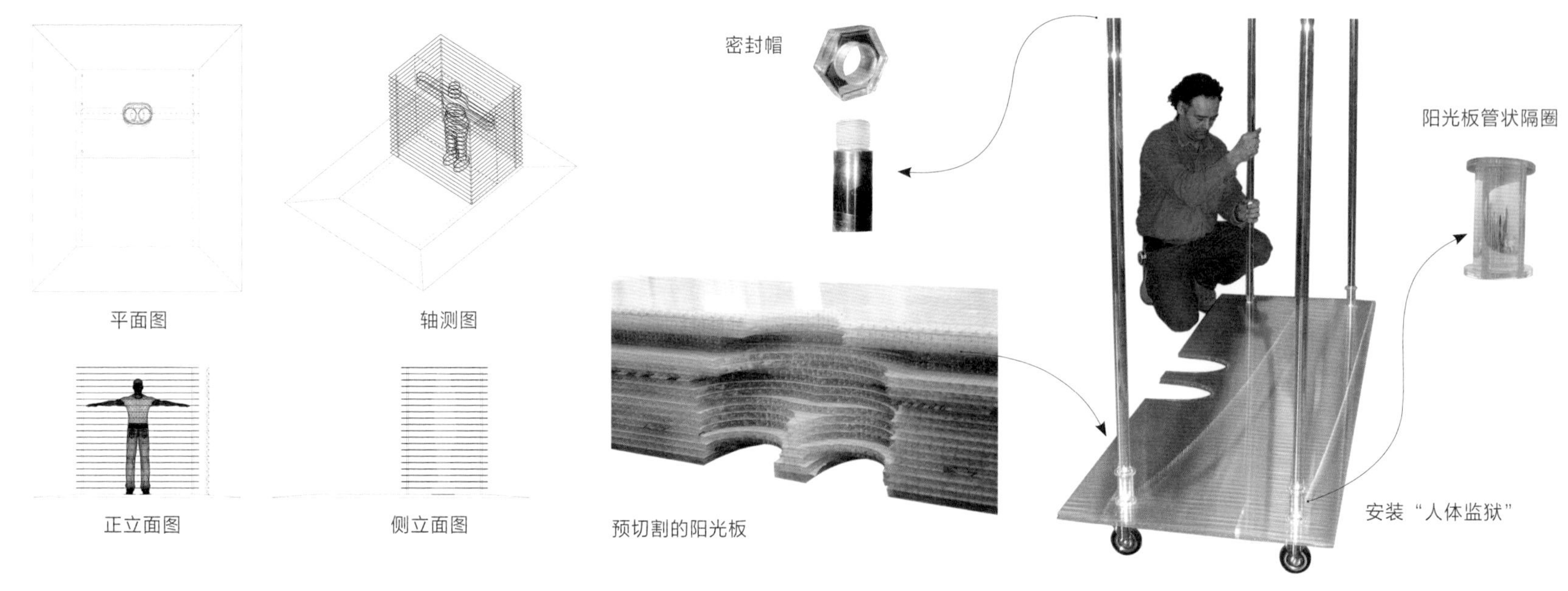

· 装置打开后的侧面

· 阳光板上的预先切割成适合人体的弧形缺口

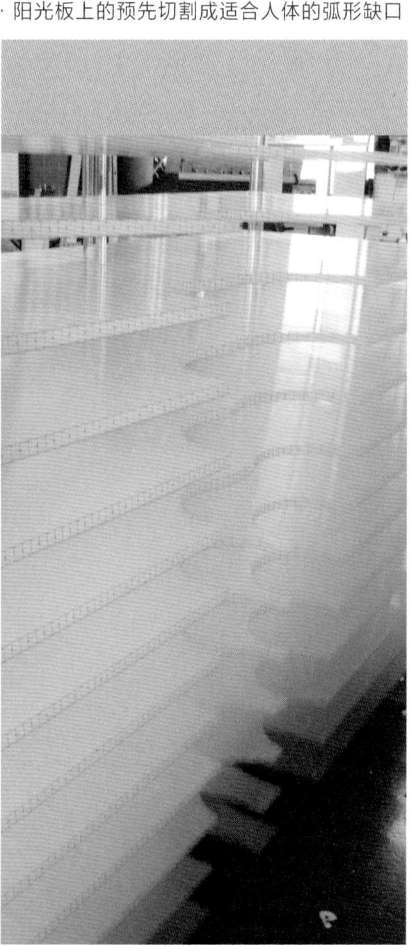

· 一个参观者被“囚禁”在半透明阳光板中

· “被囚禁者”的视角

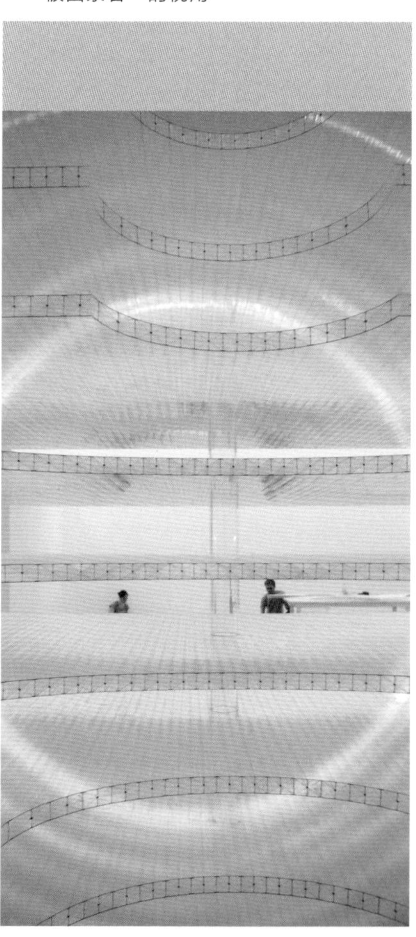

竹灯笼

Bamboo Lantern

光州设计双年展

韩国，光州，2009年

艺术指导：殷秉秀（Byunsoo Eun）

主题：线索，旨在重新审视全球化和本土化之间的关系。

非常建筑：装置。

设计构思：我们想设计一个包含公共与私密双重属性的空间。装置可以一分为二，允许参观者进入其中并使用体块中央的圆形空间。两半打开时，中间的圆洞能让几个参观者同时进入。当两半闭合时，里面的空间足够他们坐在地板上聊天或者冥想。装置由透明PVC吸塑板焊接而成，表面粘贴0.3毫米厚的竹皮。竹皮赋予了装置里层的人工材料自然之美。“竹灯笼”打开时，它在自然光线下看起来是实心的体块；“竹灯笼”闭合时，内部有灯光照明，半透明竹皮营造的灯光效果可使人联想到亚洲传统建筑中的纸窗上的光影。

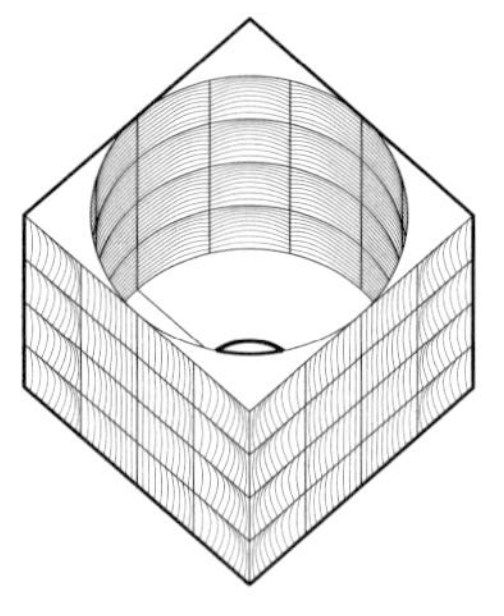

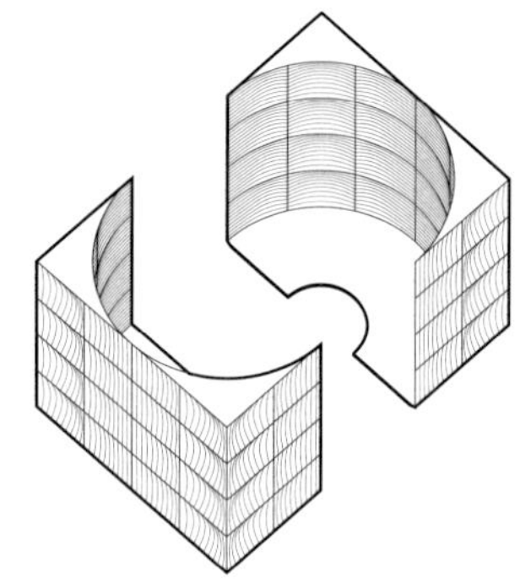

装置闭合和打开状态的轴测图

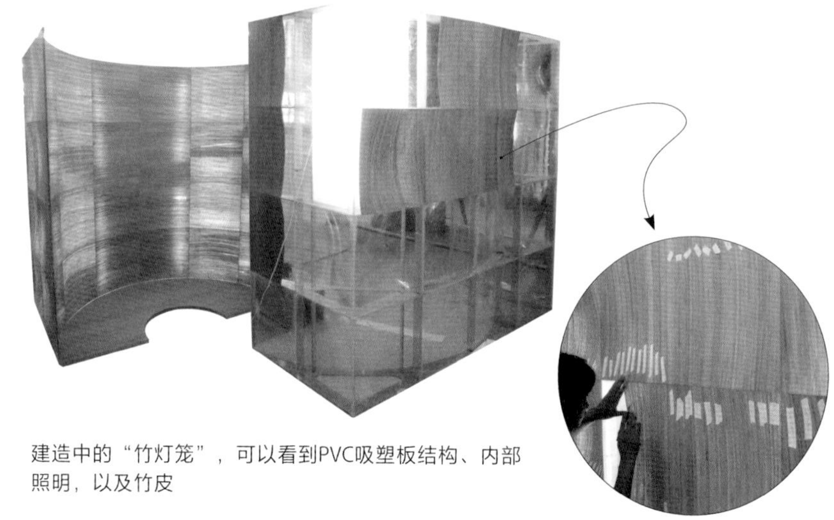

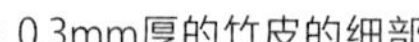

建造中的“竹灯笼”，可以看到PVC吸塑板结构、内部照明，以及竹皮

· 灯光关闭：处于打开状态的“竹灯笼”

· “竹灯笼”的内部空间

· 灯光打开：处于闭合状态的“竹灯笼”

· 0.3mm厚的竹皮的细部

三重浪

Three Waves

上海世博会

中国，上海，2009年

主题：上海世博会沿江景观带永久雕塑。

设计构思：非常建筑把这次的设计当成一个研究项目，试图探究钢材的新用途。我们并没有用钢材去建造一个稳定坚固的装置，而是想要平衡并且凸显钢材本身具有的一些看似截然相反的特性，如硬和软、刚性和弹性、重和轻。最终的雕塑用76块薄钢板组合而成，中间用螺栓和钢筋连接，轻轻触碰就会颤动，形成波浪。“三重浪”中的“三”是指雕塑中选用的耐候钢板（每块的规格是3米×1.2米）的三种厚度：4毫米、5毫米、6毫米。三种厚度的钢板呈现出来的弯曲度不同，由此使整个雕塑产生不同的律动效果。

耐候钢板
3500mm × 1200mm × 4mm

耐候钢板
3500mm × 1200mm × 5mm

耐候钢板
3500mm × 1200mm × 6mm

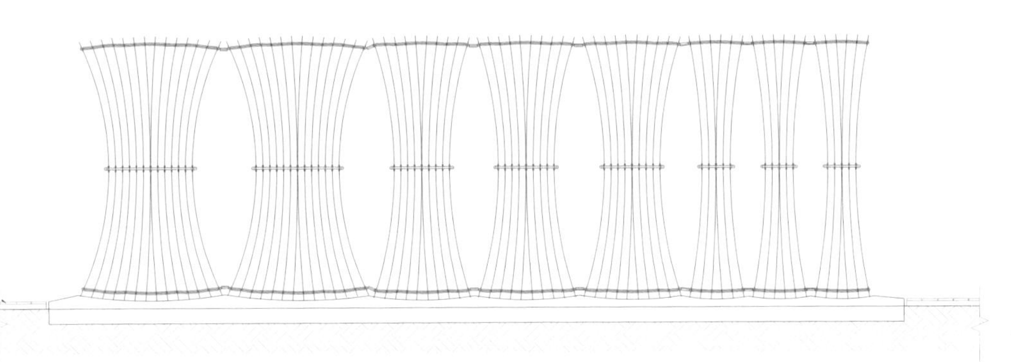

立面图

· 连接钢板的螺栓和钢筋的细部

· “三重浪”固定在地面的鹅卵石里

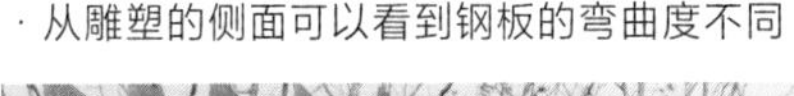

· 从雕塑的侧面可以看到钢板的弯曲度不同

瓦 拱
Tile Arches

首尔设计节
韩国，首尔，2010年

主题：为大众设计。此次非常建筑参与的展览展示了中国、韩国、日本建筑师设计的茶室。

非常建筑：装置。

设计构思：灰色黏土屋瓦在中国传统建筑上有着广泛的应用。我们选用了这种古老的黏土材料，并想将它变得轻盈。为此，我们只使用了顶瓦，用钢丝绳把它们连接起来，形成一个尖形的拱。通过这种构造，我们可以集轻和重、现代和传统于一体。我们建造了两个瓦拱，形成两个小型茶室或者说能享有片刻宁静的半私密空间。瓦拱表面均匀分布的间隙使其内部的空间呈现出光影交错的效果。

装置平面图

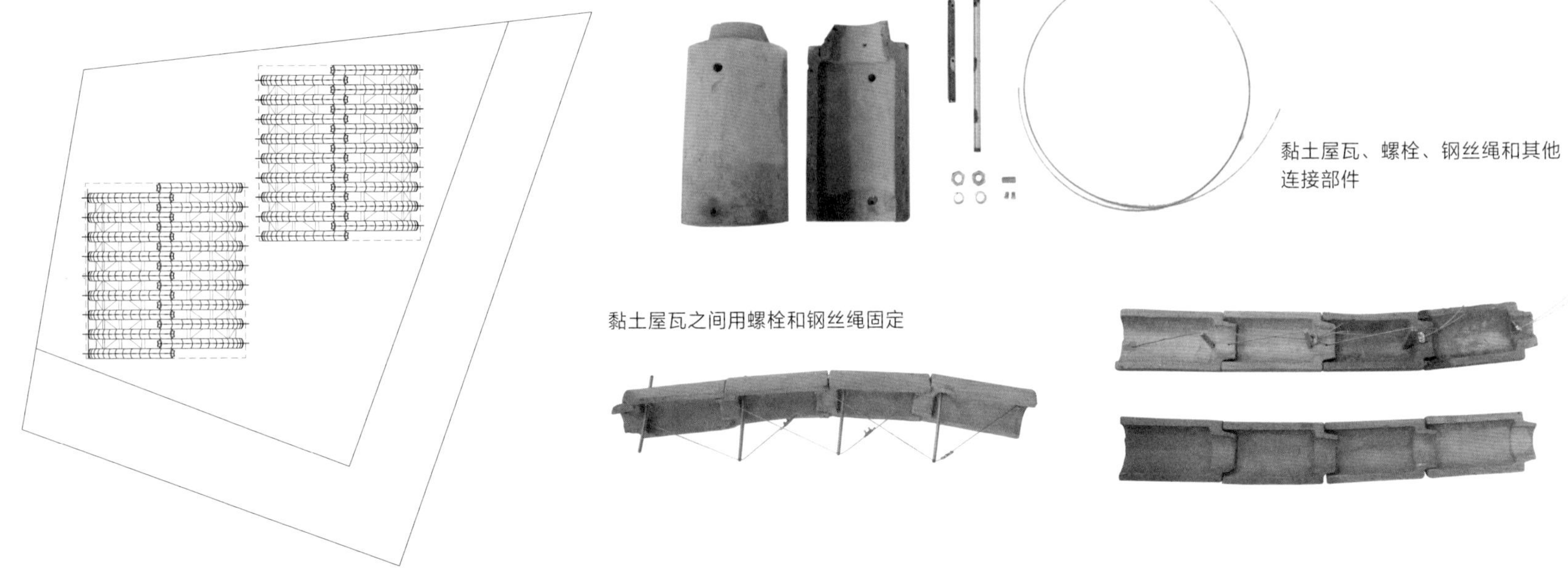

黏土屋瓦、螺栓、钢丝绳和其他连接部件

黏土屋瓦之间用螺栓和钢丝绳固定

· 装置细部，用钢丝绳和螺栓固定屋瓦的方法

· 装置细部，竹板水平向支撑和连接的结点

奥迪宅

Audi Haus

奥迪可移动汽车展台

中国，上海，2011年

背景：受委托，为奥迪汽车设计一个可移动展台。

非常建筑：装置。

设计构思：我们将这个项目作为一个关于材料和体验的研究。在车展中，车和人的角色互换，车是静止的，而人四处走动。奥迪展台的设计便是基于以上的观察。我们借助玻璃实现光的折射与反射。折射使每片玻璃都呈现出不同的影像，参观者可以观察到汽车连续影像的变化。由于反射作用，每一片玻璃上都有多个非连续的汽车影像叠加在一起。折射与反射的影像又相互叠加，当人开始移动，汽车仿佛在无数维度上行驶。于是，设计赋予了静态的汽车动态的幻像。玻璃之间的三角形入口引导人们进入内部，从而为参观者提供另一种观车体验。

“奥迪宅”的平面图、立面图和3D模型图

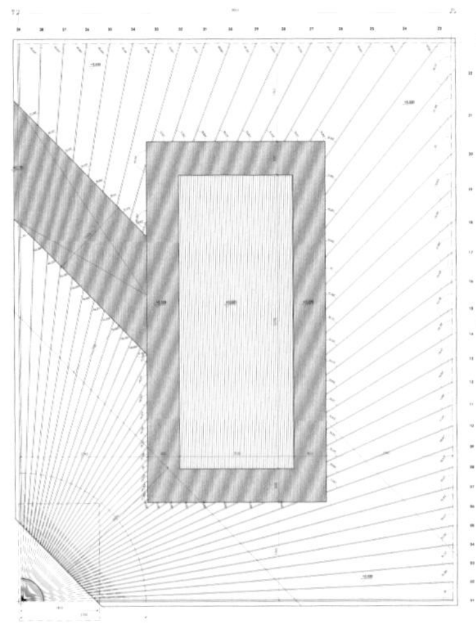

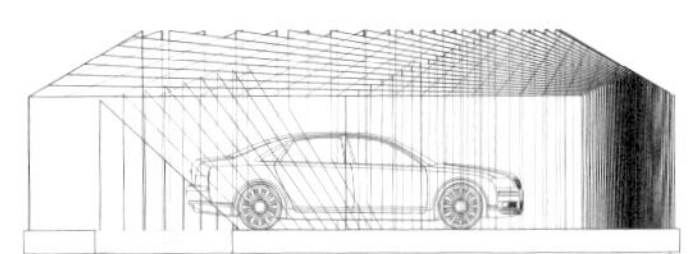

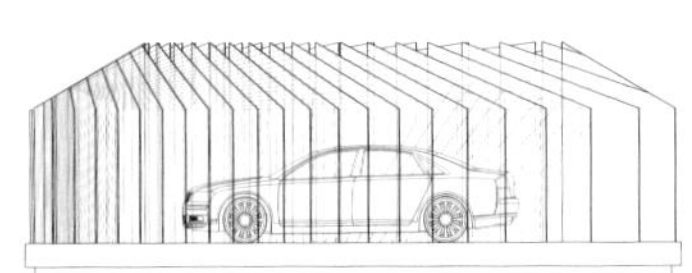

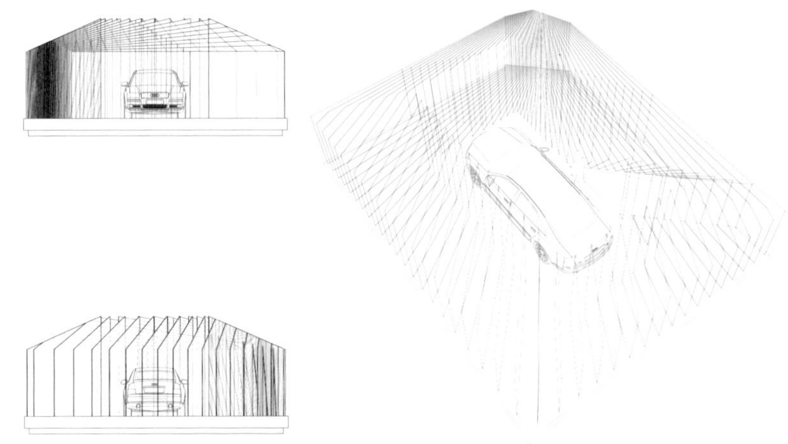

· 建造中的“奥迪宅”，基座暴露在外面

· 灯光在层层叠叠的玻璃间被折射、反射，表现运动的概念

玻璃板的不同形状

· 不同视角的“奥迪宅”

张永和+非常建筑：唯物主义

Yung Ho Chang + FCJZ: Material-ism

尤伦斯当代艺术中心，中国，北京，2012年

主题： 非常建筑作品回顾展。

设计构思： 本次展览是对非常建筑二十多年来工作成果的一次全面回顾，其标题“唯物主义”体现了我们对参与及干预物质世界的热情。展品包括模型、图纸、照片、产品、录像以及装置作品。此外，展品分成六个模块，分别解决不同的问题，用不同的方法建造。这六个模块分别是：单车公寓——设计生活；无尽院——中国空间；后窗——构造感知；无间造——建造实验；不理想城——都市介入；圣人书房——“大文化”项目。六个模块分别用夯土和胶合木模板、混凝土和橡胶模板、石膏和竹胶板、混凝土和PVC管模板、石膏和滑动胶合木模板加塑料衬里、夯土和玻璃模板建造。展览开幕当天，尤伦斯当代艺术中心的工作人员和我们的建筑师还穿上了非常建筑设计的服装，举行了一场时装秀。

胶合木模板支撑

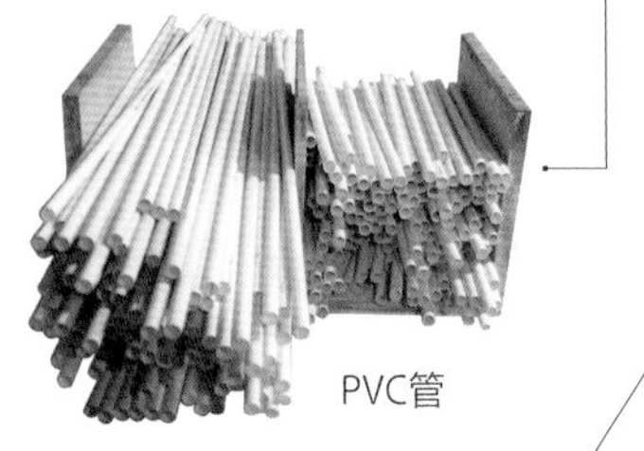
PVC管

玻璃板用作模板材料

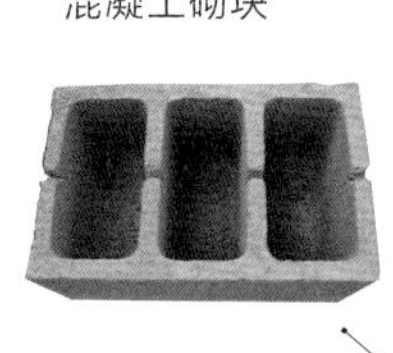
混凝土砌块

干草

石膏上的塑料衬里

模板里填充混凝土砌块和干草，以降低成本

· PVC管模板部分拆除以后的混凝土展台
· 橡胶模板尚未拆除的混凝土展台

· 用来夯土的玻璃模板
· 竹胶板模板尚未拆除的石膏展台

· 施工中的夹着塑料的石膏展台
· 胶合木模板部分拆除的夯土展台

展台1:
单车公寓——设计生活
（夯土台，胶合木模板）

展台2:
无尽院——中国空间
（混凝土台，橡胶模板）

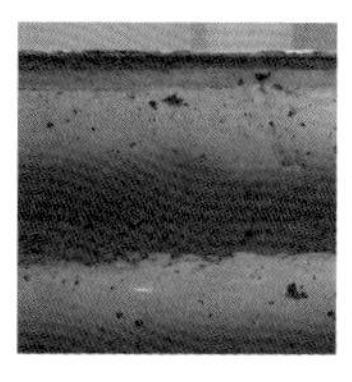

展台3:
后窗——构造感知
（石膏台，竹胶板模板）

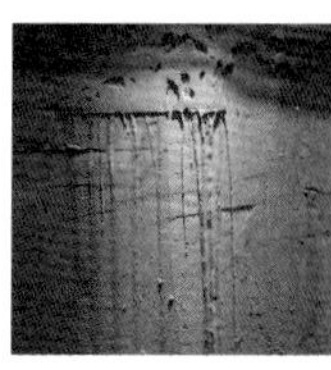

展台4:
无间造——建造实验
（混凝土台，PVC管模板）

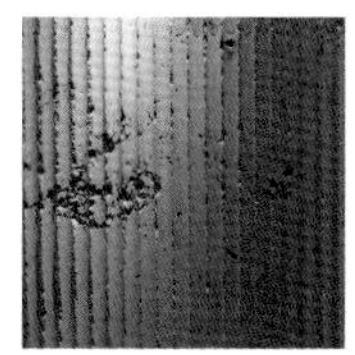

展台5:
不理想城——都市介入
（石膏台，滑动胶合木模板，塑料衬里）

展台6:
圣人书房——“大文化”项目
（夯土台，玻璃模板）

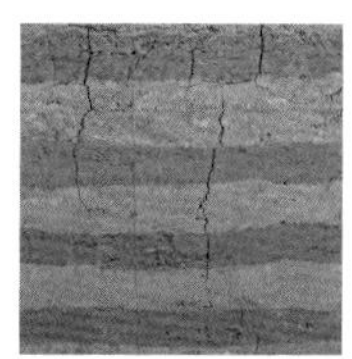

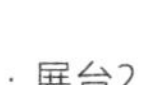

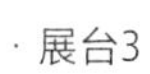

· 展台1
· 展台4

· 展台2
· 展台5

· 展台3
· 展台6

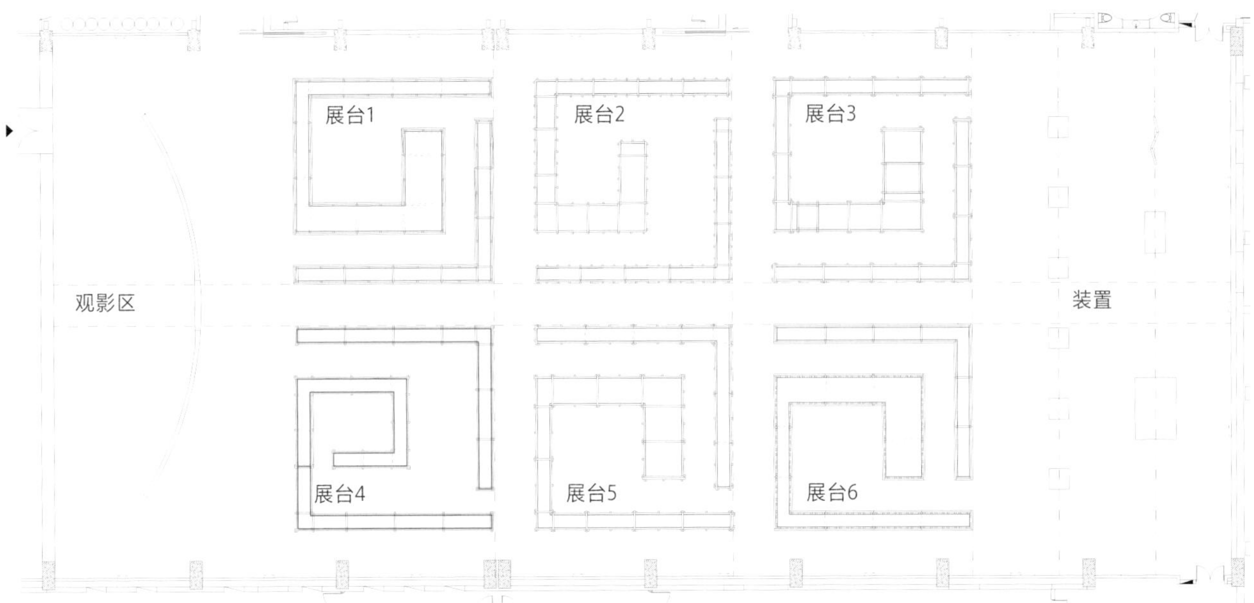

展览平面图

· 弯曲的墙面围合成观影空间

· “六箱建筑”装置

· 展览开幕式上举办了一场时装秀，服装由非常建筑设计

观影区入口是一面曲形墙，墙中间是推拉折叠平开门

“二分宅”模型

非常建筑设计的首饰

非常建筑设计的T恤和围巾

展出瓦拱的一部分

· 展台4旁边的幕墙大样模型

· 展台4展示的设计模型

· 展台6的中央展示着“第三警察局”的模型

· 展台2展示的设计模型

神秘宅

Mystery House

MHome：随遇而安

尤伦斯当代艺术中心，中国，北京，2014年

策展团队：田霏宇（Philip Tinari）、詹慧川、尤洋、刘秀仪

主题：本次展览探讨“人”和“家”的关系。“M”可能是指“我的家”（My Home）、“我和家”（Me and Home），以及“现代的家”（Modern Home）。

非常建筑：装置。

设计构思：“神秘宅”试图混淆二维和三维、绘画和建筑的界线，从而制造一种不确定的感觉，使装置具有叙事性。从外面看，这个装置就是一个简单的黑色盒子，人们无从想象其内部是什么样子，只有画在地面上的一个阴影向人们提示着这里可能发生了某种情况。参观者进入内部以后会发现这个概念上的住宅仿佛哪里不对，空间和透视在视觉上是扭曲的。地上的枕头和倒地的椅子更暗示了一个戏剧性的事件，揭示了家里的阴暗面，如家庭暴力事件。

装置平面图

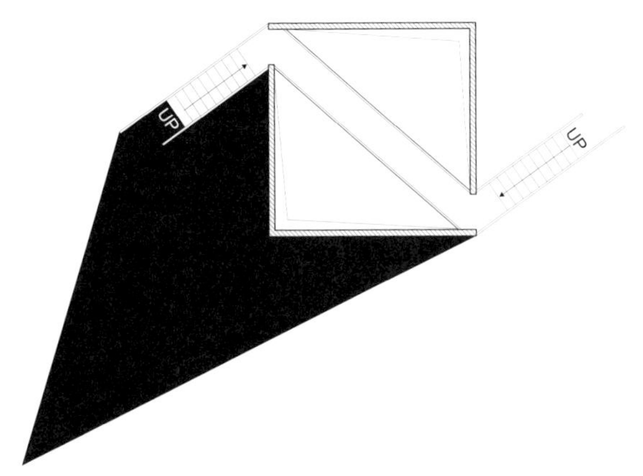

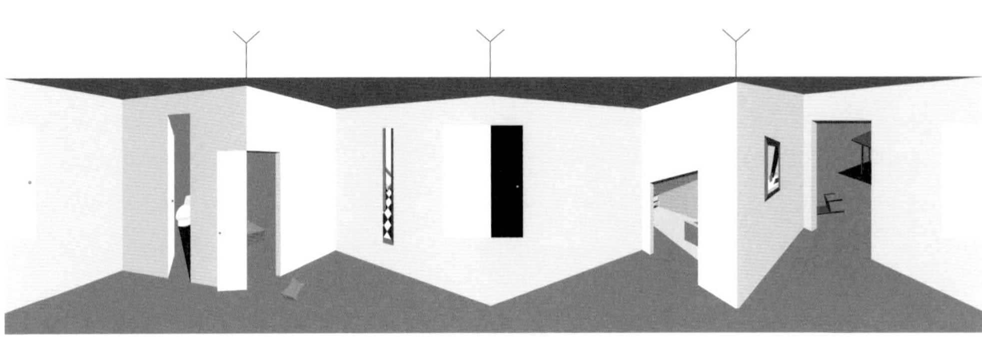

“神秘宅”内部扭曲透视的研究图

· “神秘宅”入口
· 画在天花板上的天窗

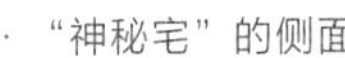

· “神秘宅”的侧面

· “神秘宅”的出口
· 透视扭曲的绘画场景细部

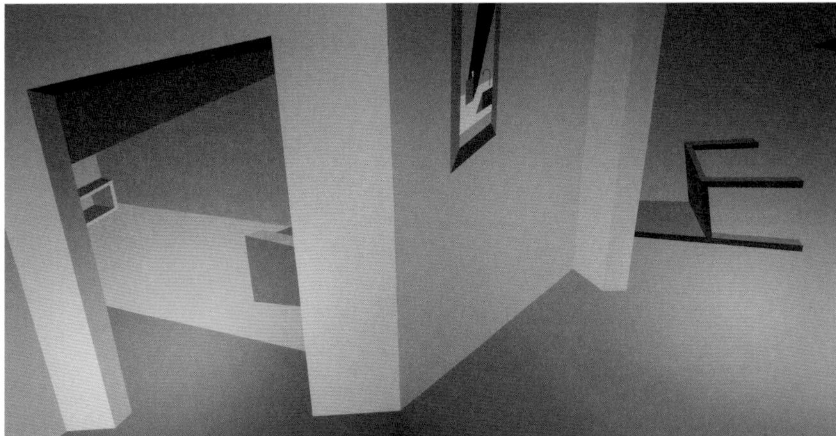

第三警察局

The Third Police Station

"太平广记"

红砖美术馆，中国，北京，2014年

策展人：郭晓彦、张健伶

主题：红砖美术馆的开馆展选用宋代的一本故事集《太平广记》作为样本，以一种松散的形式重塑美术馆的叙事功能，展出作品既有虚构作品又有非虚构作品，既有文学作品又有视觉作品。

非常建筑：我们设计了一个装置，内设一个屏幕播放视频，另外我们还展示了文字资料、草图和模型。

设计构思：张永和曾以弗兰·奥布莱恩（Flann O' Brien）的小说《第三个警察》为引子，写出了剧本《第三警察局》，并在其中加入了一个中国厨师的角色。戏中的厨师和警察努力相互理解对方的文化，但最终失败了。戏中厨师的厨房位于都柏林郊外的一栋老房子里，警察的办公室在围住这座房子的墙壁的空腔内。在本次展览中，我们用人偶将这部戏的精简版本拍摄成一个动画视频。舞台模型用混凝土浇制，上面放置人偶。屏幕上放映着动画视频。我们还展示了创作过程中用到的所有材料，包括文字资料、草图、模型，以及作为舞台原型的房子的分解模型。

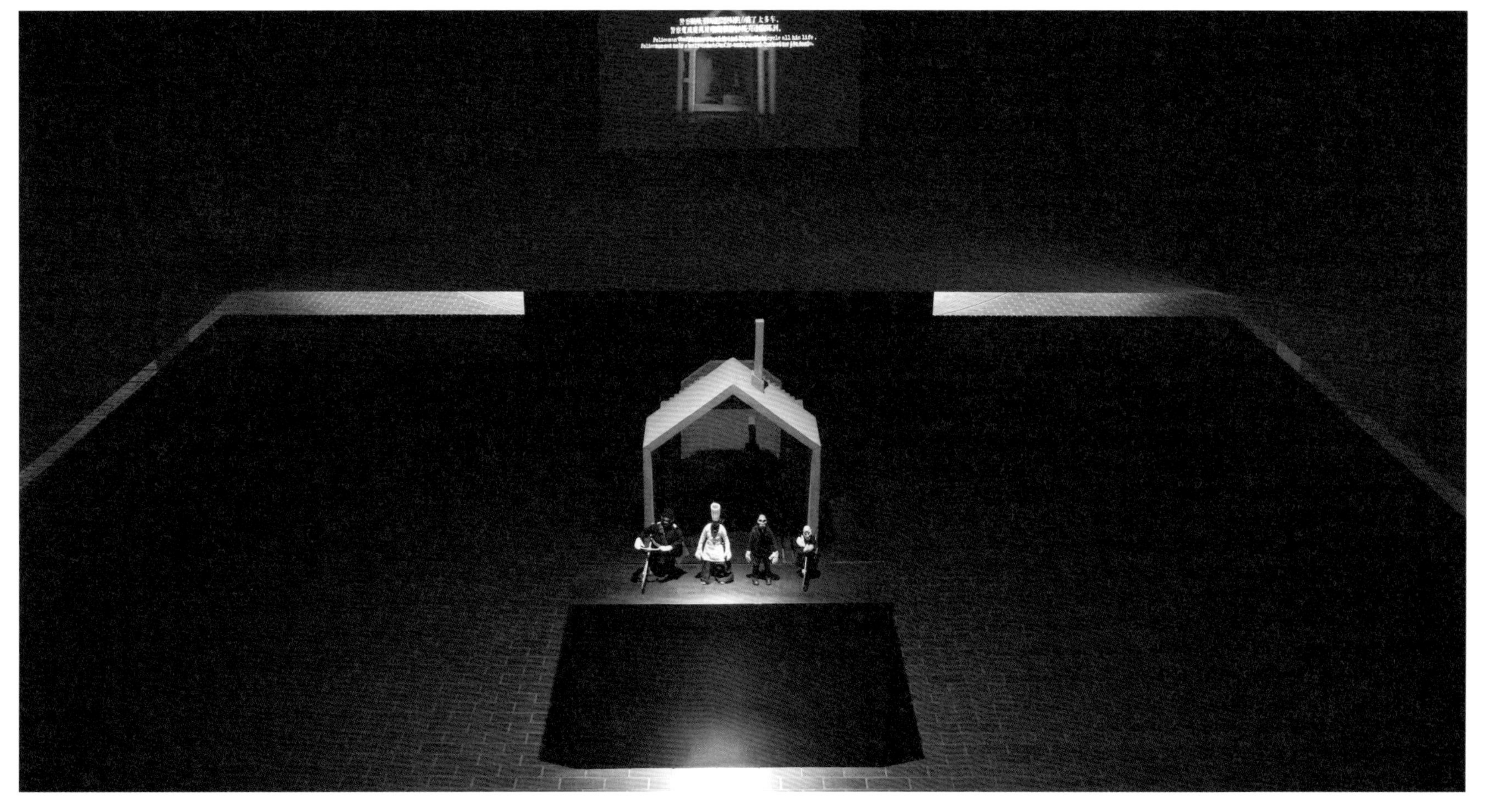

弗兰·奥布莱恩的小说《第三个警察》的封面（哈珀柯林斯出版社，1983年出版）

混凝土舞台的草图

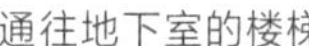

通往地下室的楼梯

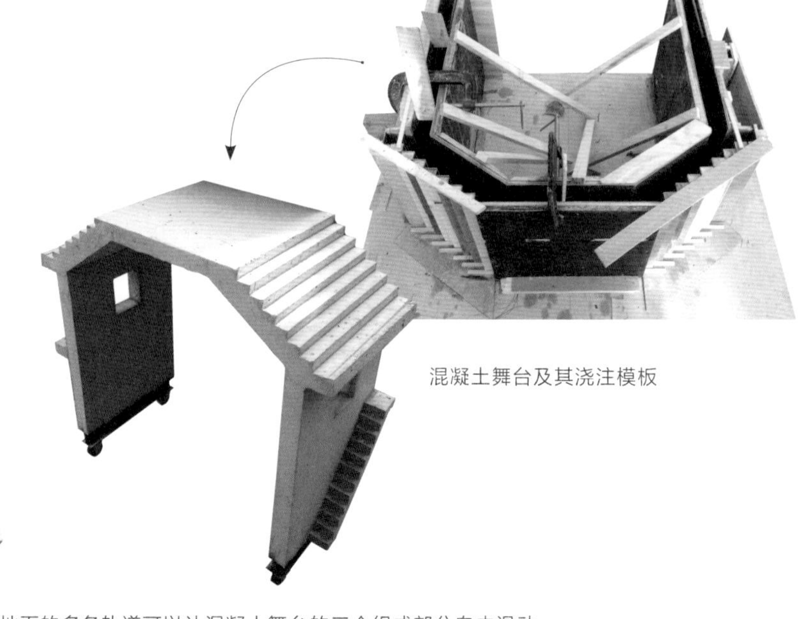

混凝土舞台及其浇注模板

· 地面的多条轨道可以让混凝土舞台的三个组成部分自由滑动

· 舞台和人偶的细部

· 舞台和人偶

陶土人偶

作为舞台原型的房子的分解模型固定在一个中心轴上，并随着与中心轴连接的车轮一起旋转

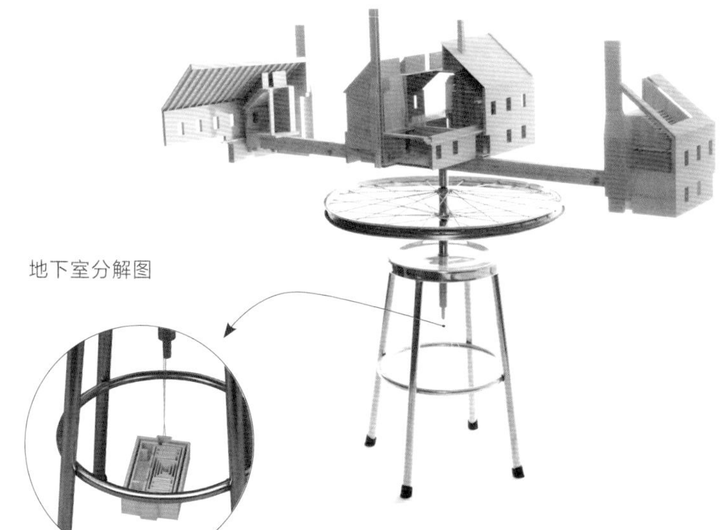

地下室分解图

正在旋转的模型

· 展台展示了这部戏的创作过程

· 展览期间举办的舞蹈表演

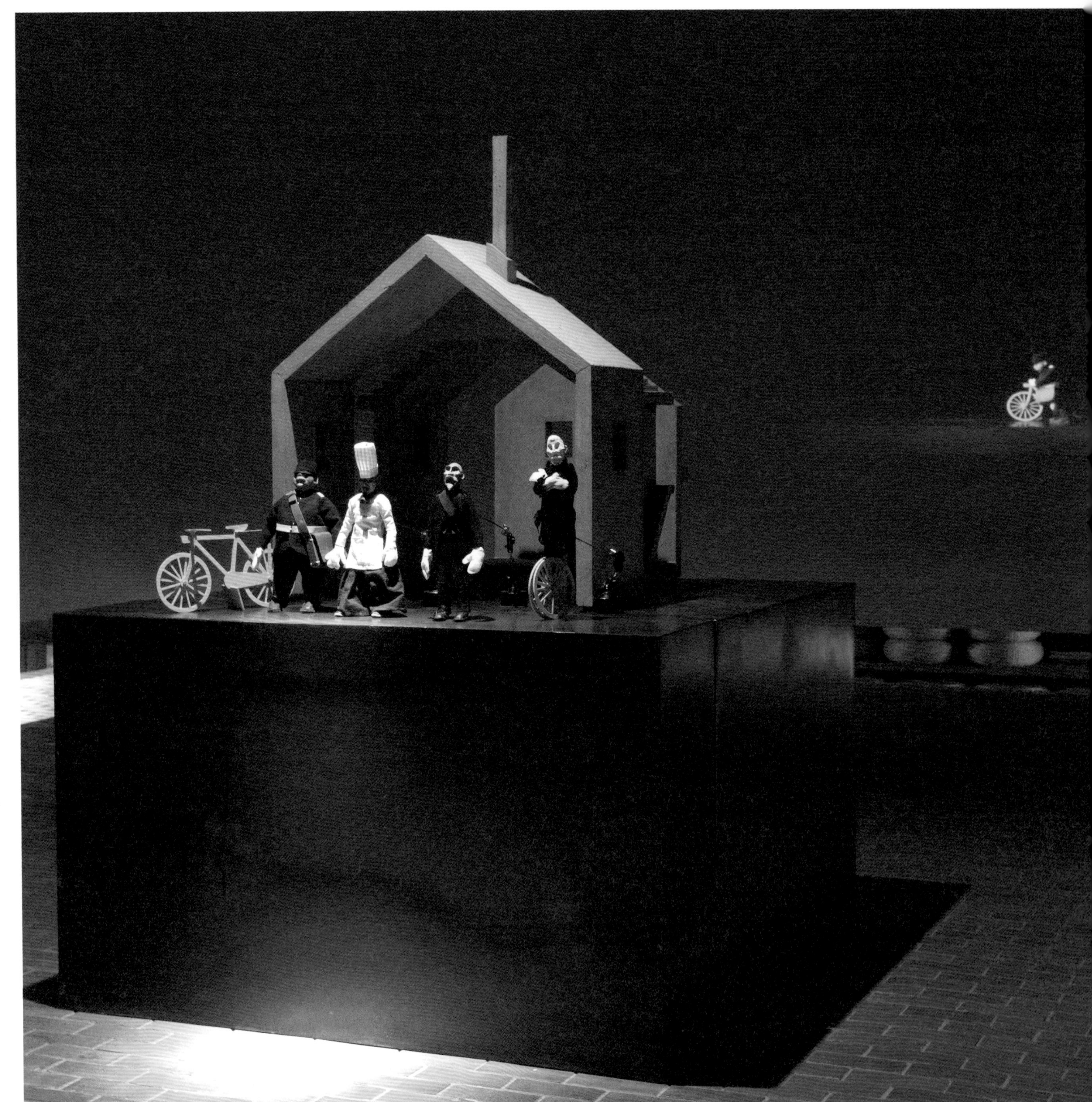

大声展

Get It Louder

三里屯橙色大厅，中国，北京，2014年
总策展人：彭杨军、陈皎皎及其团队

主题：混——混沌、混乱、混合、混蛋、混生……

张永和：策划了副主题为“混乱中的秩序”的建筑、产品和城市单元。此外，他还在“手机艺术”单元展示了一系列黑白摄影作品，标题为《张永和：派对》。

非常建筑：建筑、时装设计。

建筑、产品和城市：我们在这个单元里展示的三个设计分别是玻璃钢宅（使用玻璃钢作为结构材料）、柝桌（对中国传统家具支撑结构的解读，与永琦家具合作）和“汽车怎么变胖了？”（针对近年来汽车体量的增大，与同济大学联合研究）。

时装：非常建筑设计的都市骑行装备在这个单元展出。展览开幕时由大声展和非常建筑的工作人员穿着我们设计的服装举行了一场骑行时装秀。

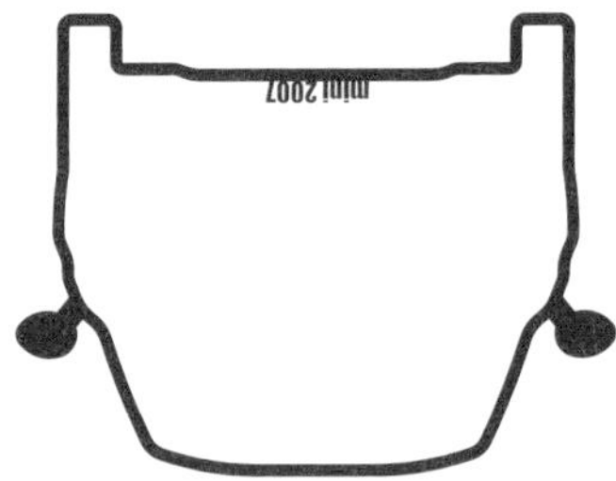

“汽车怎么变胖了？”贴纸

玻璃钢宅模型

玻璃钢宅局部大样模型

· “汽车怎么变胖了？”产品和城市研究展板

· 玻璃钢宅结构用到的玻璃钢材料

· 帐桌放在一面镜子上，以使参观者可以看清桌子下方的结构

帐桌

都市骑行服

· 展览开幕时非常建筑和大声展的工作人员展示都市骑行服

· 展览中展示的都市骑行服系列

卡罗拉
OROLLA
克赛威
SEVILLE

玻璃砖拱

Glass Block Arch

地景装置艺术季

中国，阳澄湖，2016年

策展人：倪旻卿、丁峻峰、张雪青

主题：大地启示录。通过装置，大地被理解为土地、自然或者在地文化。

非常建筑：永久装置。

设计构思：从实用的角度来看，玻璃砖拱是一个开放的亭子，可供参观者躲避风雨；从现象学的角度来看，拱形的亭子也是一个取景框，把周围的自然景观框入其中。玻璃砖拱的设计来源于非常建筑对“轻”结构的一系列试验。“轻”意味着质量轻，同时也包含半透明或者全透明的含义。我们的第一个玻璃砖拱是在非常建筑北京的办公地点完成的。阳澄湖的玻璃砖拱是8厘米厚的三维网壳结构，浇筑前将玻璃砖块置入模板里配有钢筋的网格之间。由于展览地点在一个岛上，所以玻璃砖拱看似工业化的建造，其实全部由工人手工完成。

装置建造过程

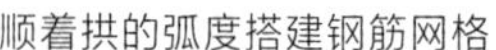

顺着拱的弧度搭建钢筋网格

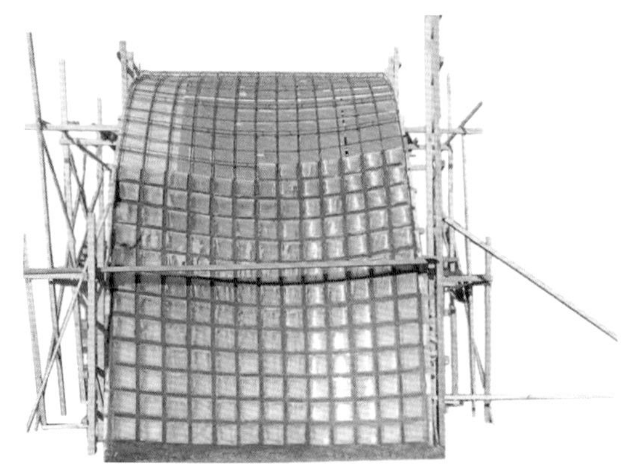

在网格中放置玻璃砖

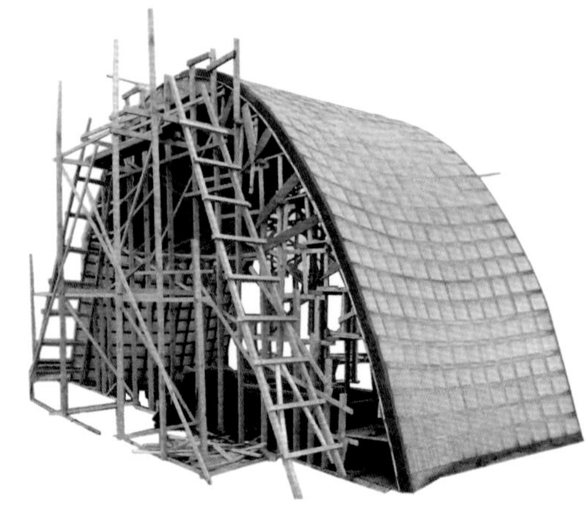

将水泥浇入网格中

· 建造过程中的配筋网格和玻璃砖

· 完成后的玻璃砖细部

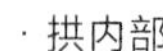

· 拱内部

· 外立面细部

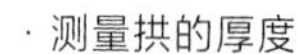

· 测量拱的厚度

· 从下往上看装置

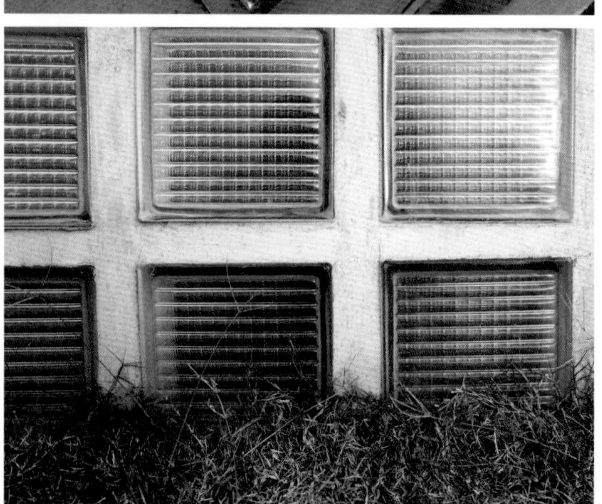

装置平面、剖面和轴测图

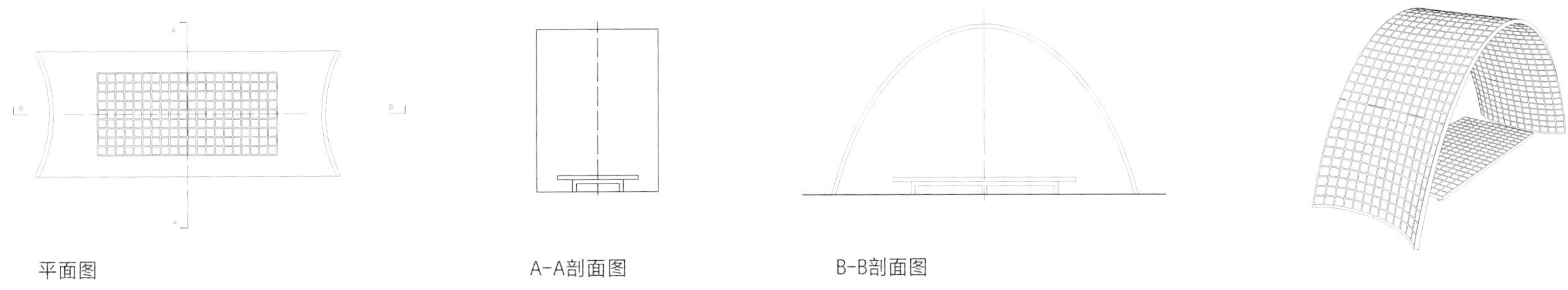

· 建好的“玻璃砖拱”

· 参观者的姿势与拱形成了对话

· 夜景

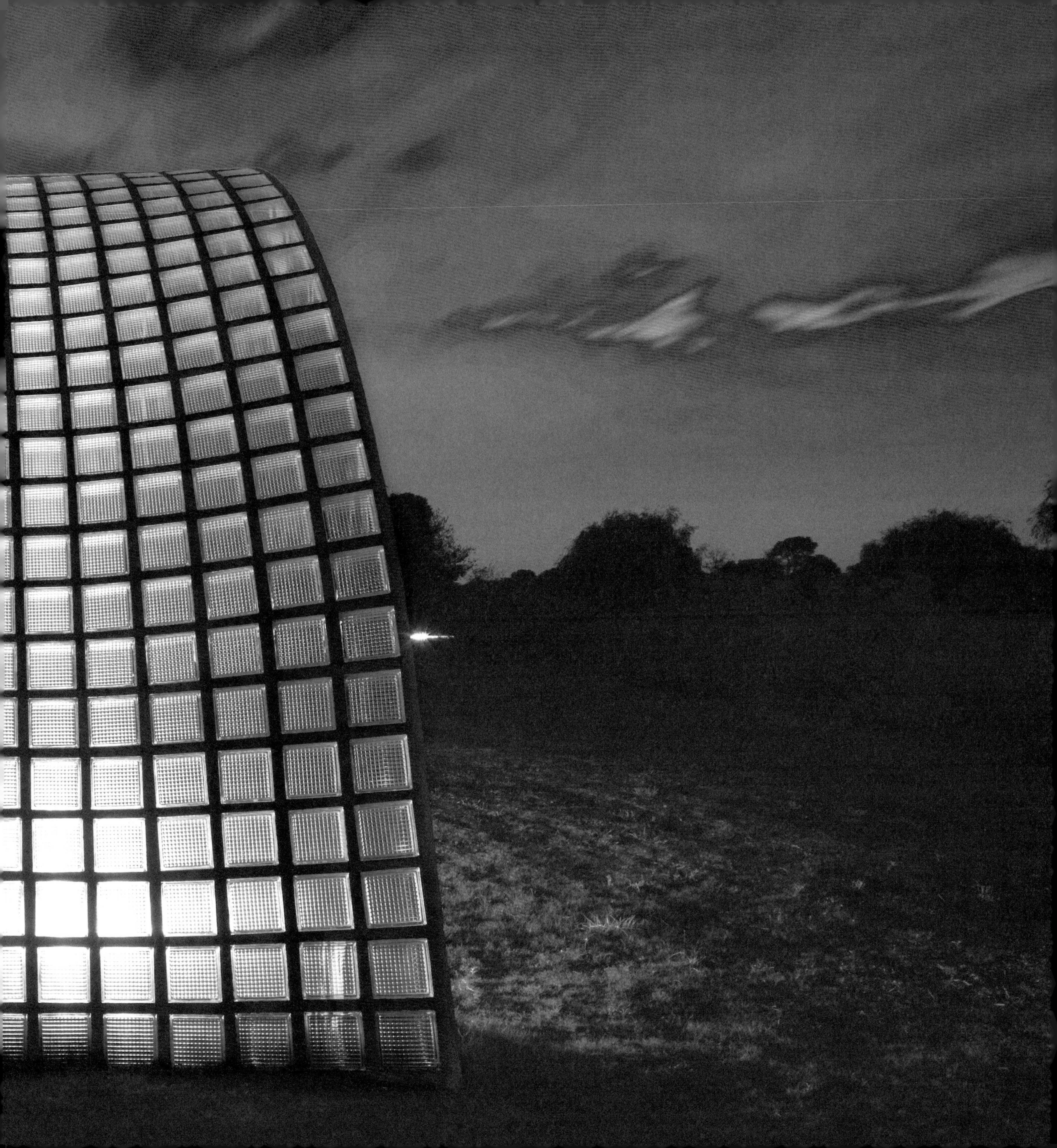

建筑之名——非常建筑泛设计展

In the Name of Architecture—Design Practice of Atelier FCJZ

上海当代艺术博物馆，中国，上海，2016年

主题：非常建筑跨学科设计作品个展。

背景：上海当代艺术博物馆委托非常建筑改造设计博物馆底层的一部分空间，将其变成博物馆的设计中心psD（power station of DESIGN）。在博物馆建筑临街的一侧，我们创造了一系列“店面”，希望它们能够吸引人们走进psD，然后进入博物馆。

设计构思：“建筑之名”是psD的第一个展览，涵盖了建筑、家具、产品、服装、首饰、影像、出版物七个门类，探讨一种由建筑学的思想方法衍生出的泛设计可能。七个门类的设计产品被各自放置在一个钢制的圆形展台上。展台可以是一个底座、一张桌子，也可以是一个架子或者一个围合空间。这七个展台共同展示了一种由功能、造价等必要条件引发的生活方式和美学价值，反映我们作为建筑师的思维逻辑。

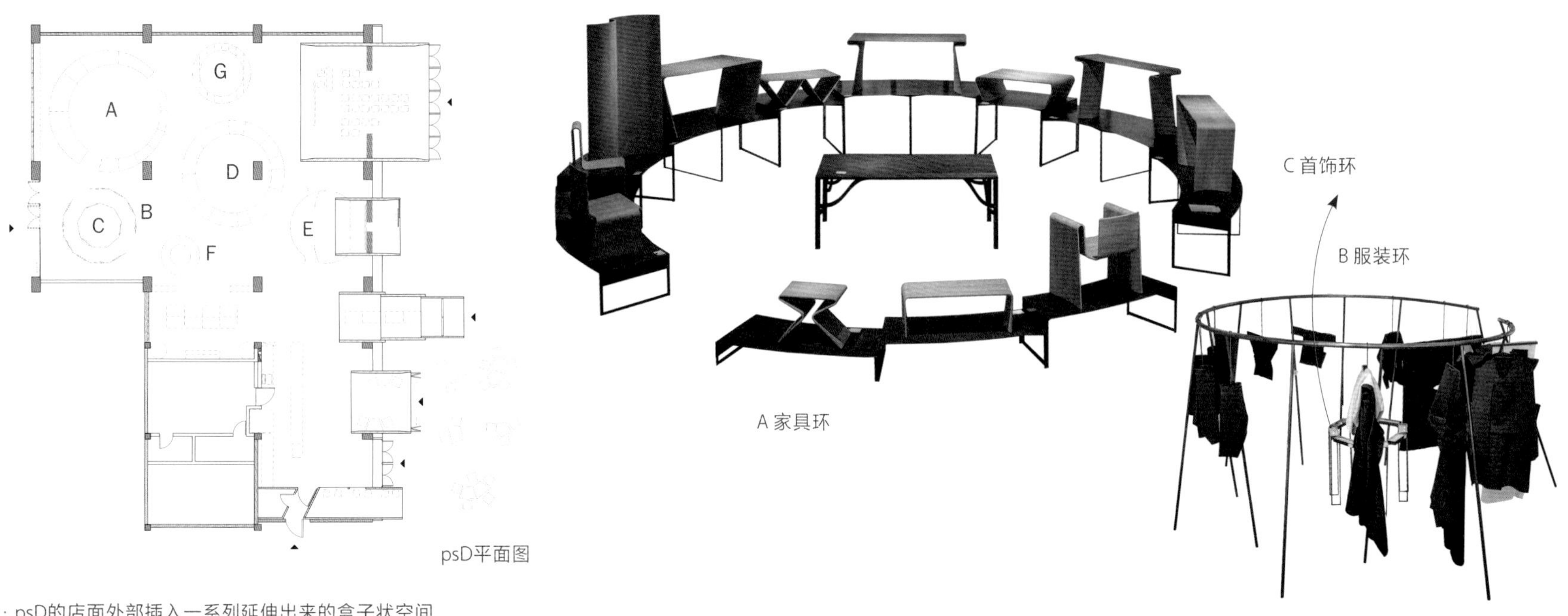

psD平面图

· psD的店面外部插入一系列延伸出来的盒子状空间

· psD的内部界面

· 厚薄屏风在psD新增设的盒子空间里展出

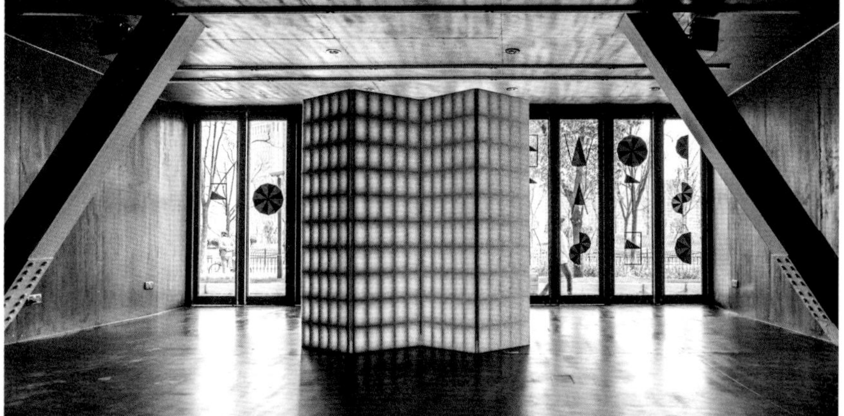

D 建筑环和其后方的E 影像环

F 出版环

G 产品环

· psD中的设计品店

· 环中环：展示服装和首饰

· 建筑环展示的建筑模型

· 产品环展示的葫芦餐具等产品

诺华七盒

Seven Boxes of Novartis

走向批判的实用主义——中国当代建筑

哈佛大学设计研究院，美国，波士顿，2016年

策展人：李翔宁

主题：中国当代建筑的一次全面评价。

非常建筑：建筑设计及规划项目。

设计构思：我们在本次展览中展出的是诺华上海园区的规划及实验楼设计。非常建筑认为中国本土的空间理念可以与现代国际化的功能共存，这个项目即是中国传统庭院与高科技药物研发建筑的结合。七个箱子用有机玻璃制成，分别按照不同的比例展现了园区各层次设计的模型，总体规划为1:1 500的比例，实验楼整体1:250，实验楼庭院和标准层1:200，中庭1:100，立面墙身细部1:50，建筑外墙饰面用的陶土管用1:1实物。另外，有机玻璃的表面还可以用来写笔记或者画图解。

总体规划（1：1 500）

实验楼整体（1：250）

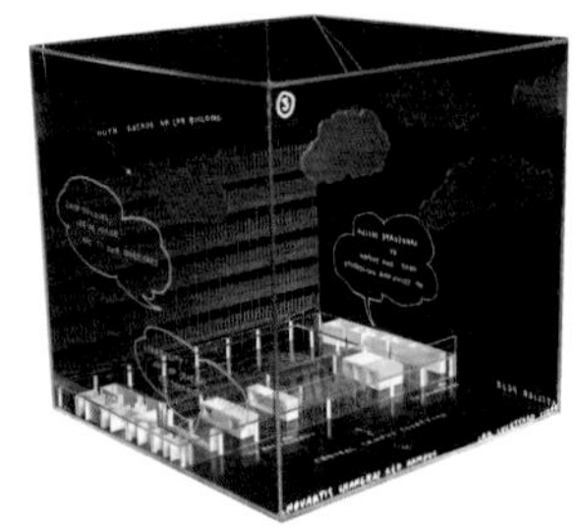

实验楼庭院（1：200）

标准层（1：200）

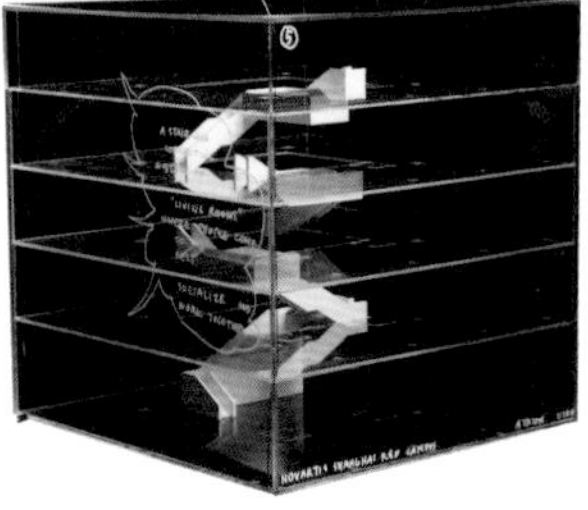

中庭（1：100）

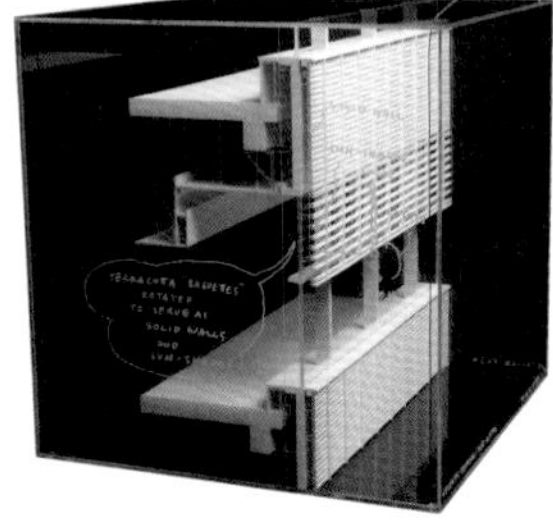

立面墙身细部（1：50）

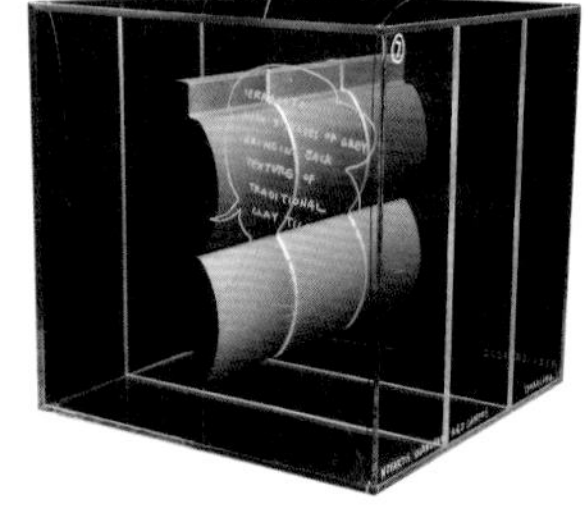

建筑外墙饰面用的陶土管（1：1）

· 有机玻璃中的“诺华七盒”模型及模型细部

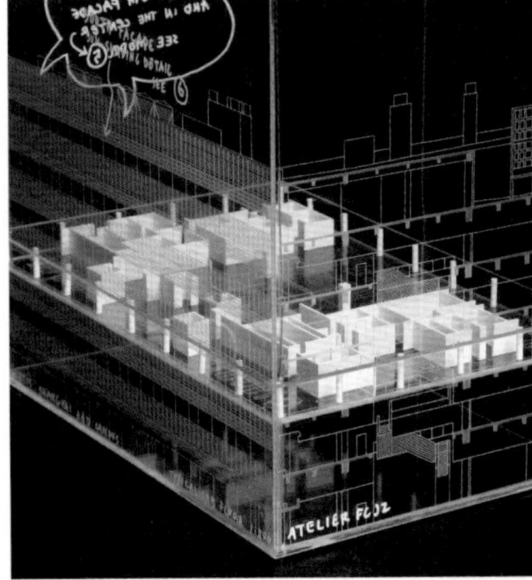

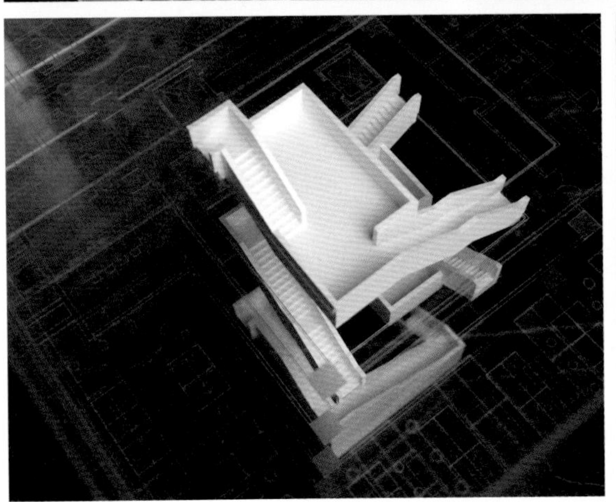

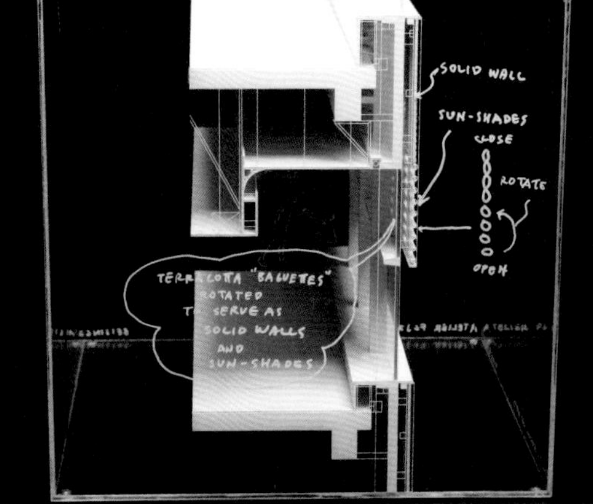

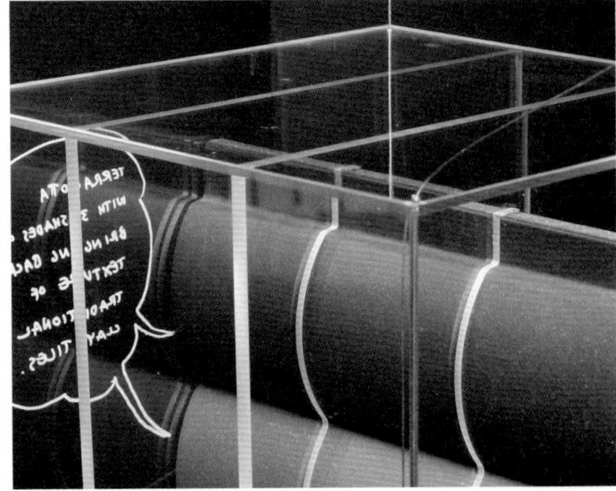

纸 拱

Paper Arch

杭州纤维艺术三年展

中国，杭州，2016年

艺术总监：施慧

策展人：刘潇、许嘉、阿萨杜尔 · 马克洛夫（Assadour Markarov）

主题： 我织我在，通过编织行为或纤维艺术探索人类存在的意义。

非常建筑： 特定场地装置。

设计构思： 作为建筑师而不是编织者，我们想要用纤维材料建造一个足够容纳观众进入的装置。我们选用的材料是每平方米仅重105克的透光杜邦纸，将其做成拱形结构。如此一来，我们面临的挑战就是如何让这种轻薄柔软的材料具有结构强度。经过无数次的实验，我们像折纸扇一样将纸张折叠，再将另一种纤维材料——截面为5毫米×8毫米、长为1米的泡桐木棍作为加强筋编织进纸拱结构里，最后终于达到了我们想要的效果。完成的装置是一个透光的链形轻质拱状结构，底部平面呈S形。

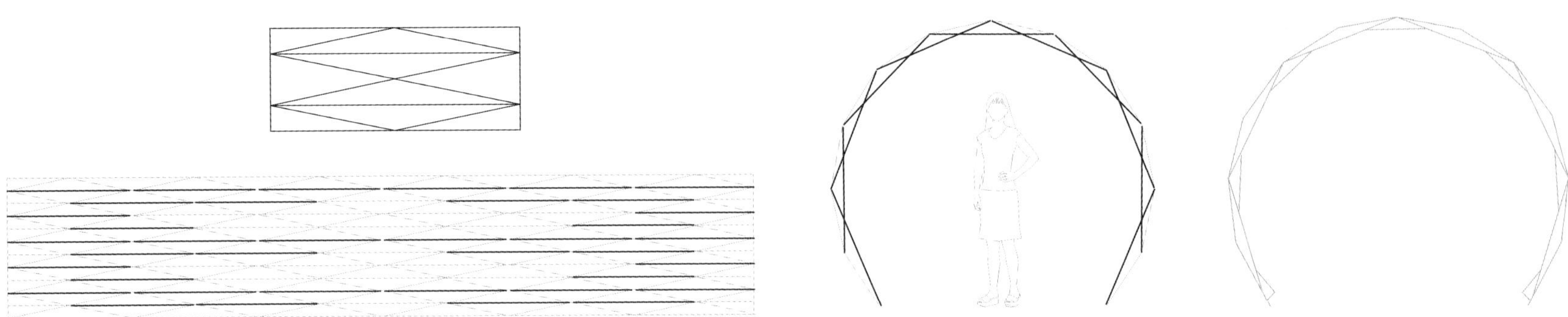

装置平面图和剖面图，图中的粗线代表木棍加强筋的位置

· 装置的建造过程

设计初期的折纸实验

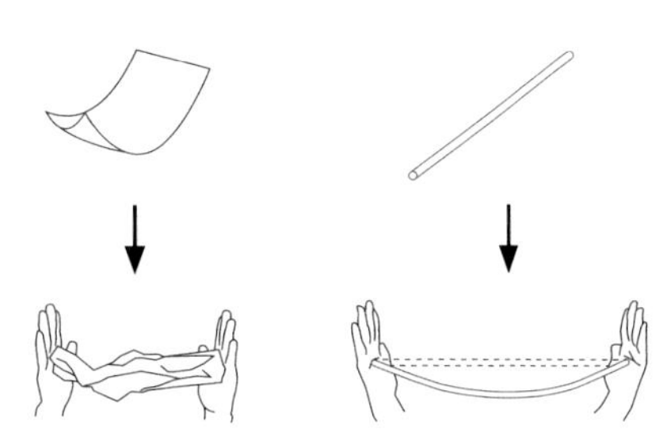

折叠后的纸和木棍一起编织成一个统一的拱状结构，大大提高了结构强度

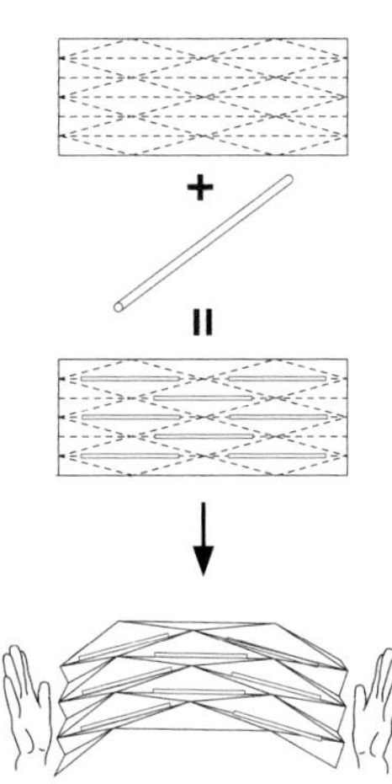

· 装置的建造过程

· 装置中用到的木棍加强筋

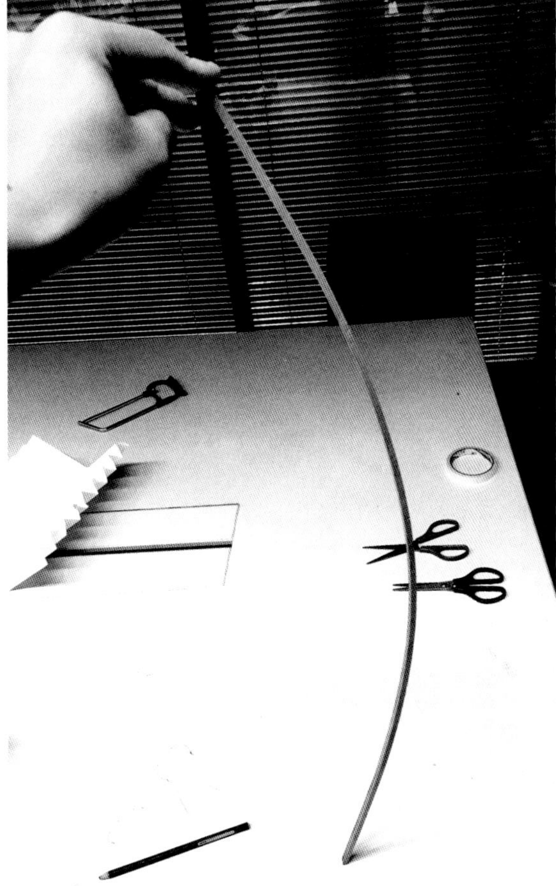

· 杜邦纸是一种柔韧性强、耐撕拉的轻质纤维材料

· 以杜邦纸折叠成拱状结构

· 金属文具夹子用双面胶粘在地板上

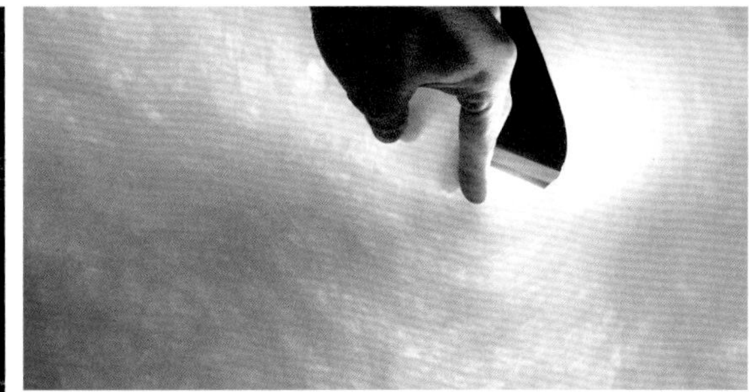

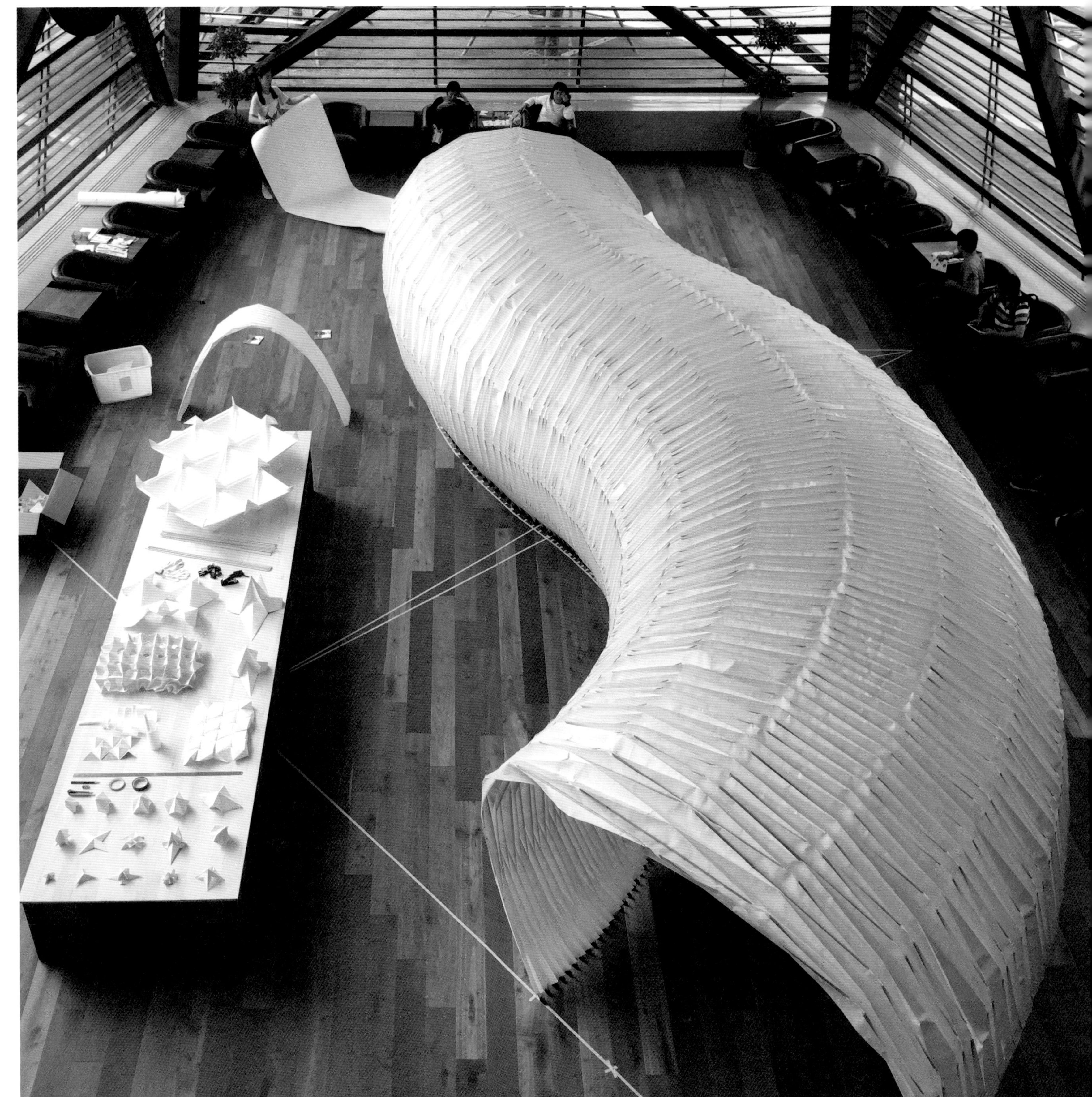

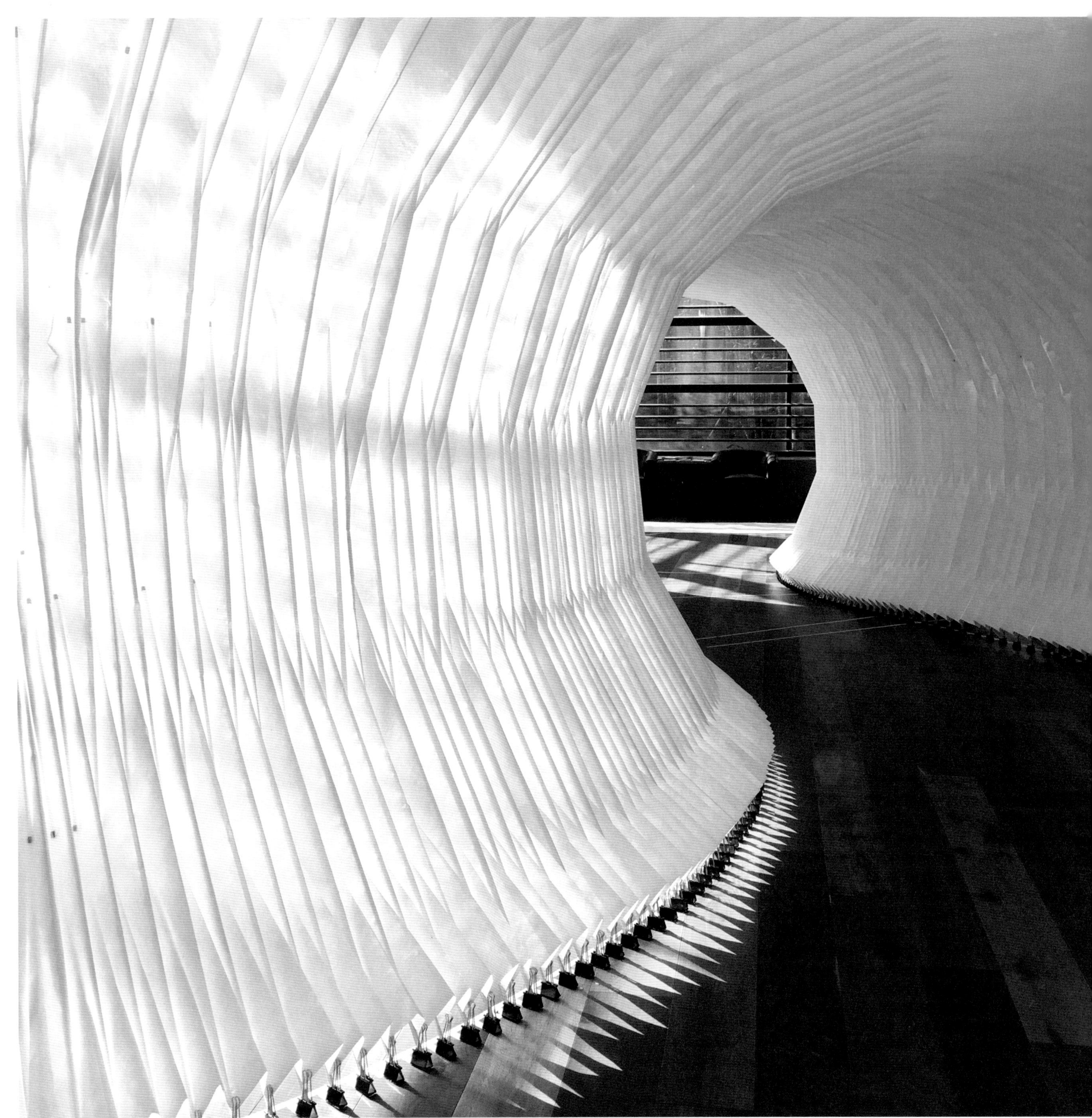

寻找马列维奇
Looking for Malevich

上海城市空间艺术季
中国，上海，2017年
策展人：斯坦法诺·博埃里（Stefano Boeri）、李翔宁、方振宁及其团队

主题：连接——共享未来的公共空间。

非常建筑：装置和建筑模型。

设计构思：寻找马列维奇展所在的筒仓是20世纪70年代计划经济的产物，是典型的工业建筑。我们希望参观者可以通过我们设计的观察游戏，找到工业生产的空间几何与马列维奇的抽象画作之间的联系。

装置：一组六个互动装置，都由可旋转底座和取景窗口组成，被称作取形器。参观者需要通过取形器在空间中寻找特定的几何图形。每个取形器分别对应一个几何图形，其中五个分布在周围的柱子和场馆正中的锥形筒仓上，还有一个红色圆形在一顶可供参观者佩戴的安全帽顶上。我们通过控制取形器的角度使图形发生形变，从而使柱子上的长方形变成不规则四边形，这种做法与马列维奇画作的精神相契合。在展览现场，参观者似乎更喜欢通过装置的木制镜头互相拍照或者自拍。

建筑模型：非常建筑在“基础设施连接——桥”群展中展示了吉首美术馆的模型和设计图。

取形器寻找的图像受到马列维奇抽象画的启发

《黑色十字》
（*Black Cross*）
（1915年）

《一名农妇在二度空间的绘画写实主义》
（*Painterly Realism of a Peasant Woman in Two Dimensions, more commonly known as Red Square*），更常见的名称是《红色正方形》
（1915年）

《黑色圆形》
（*Black Circle*）
（1924年）

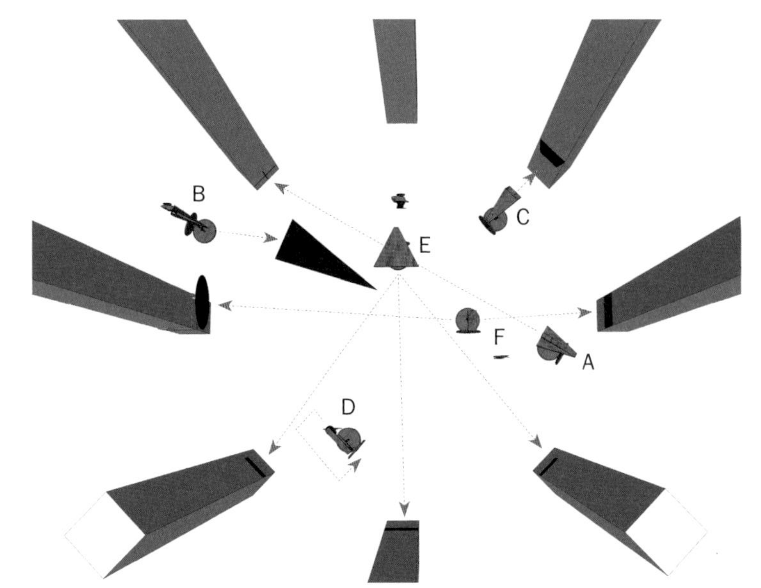

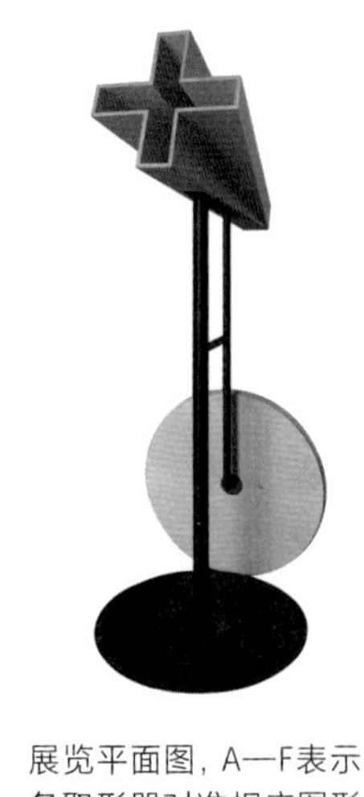

展览平面图，A—F表示各取形器对准相应图形的位置

·取形器及其目标图形

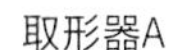

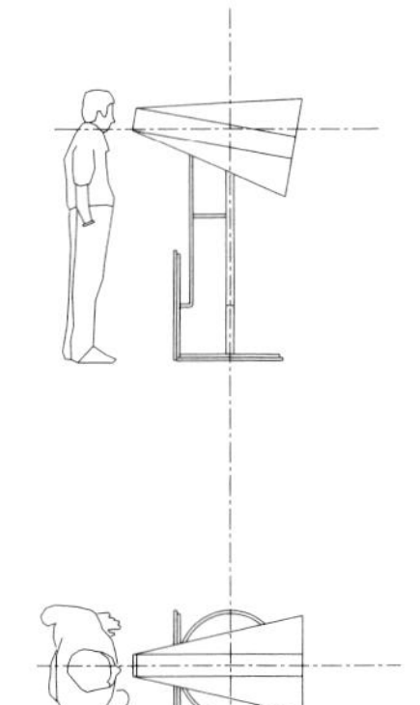

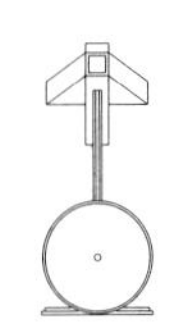

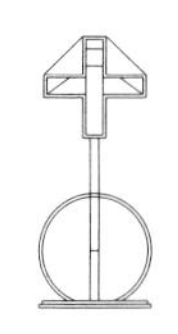

取形器B

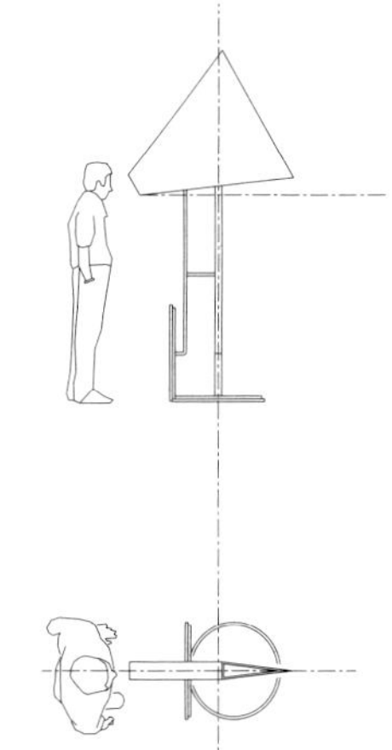

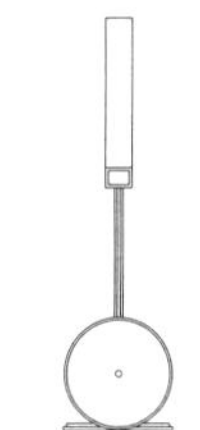

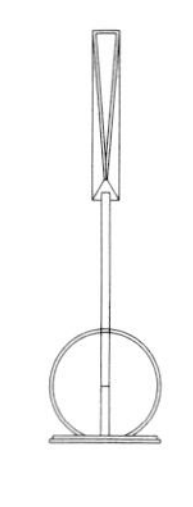

取形器C

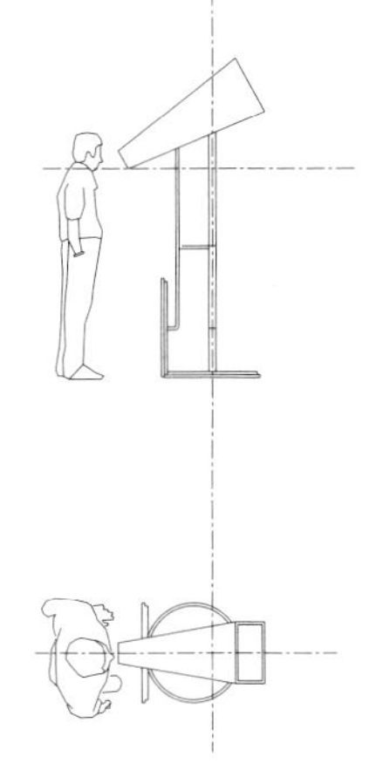

取形器D

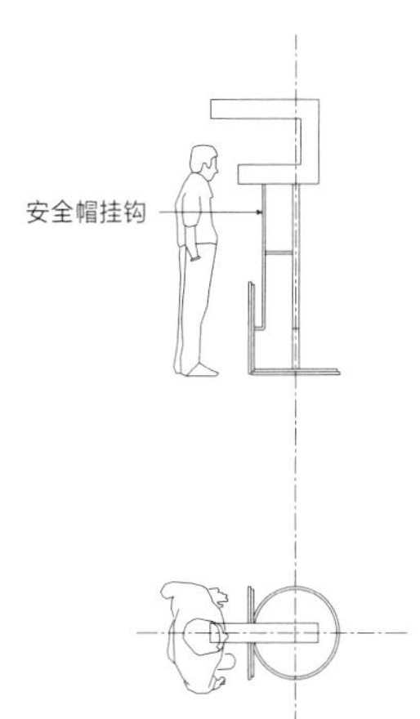

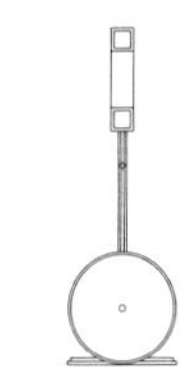

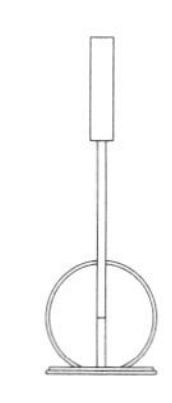

取形器E

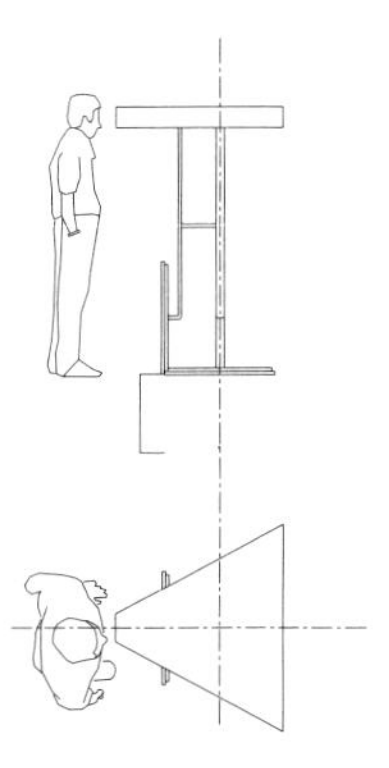

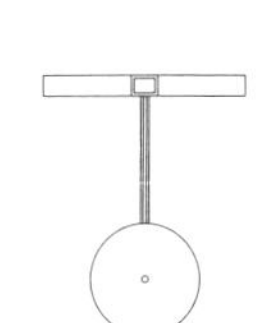

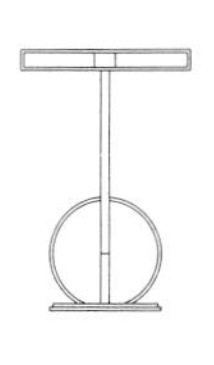

取形器F

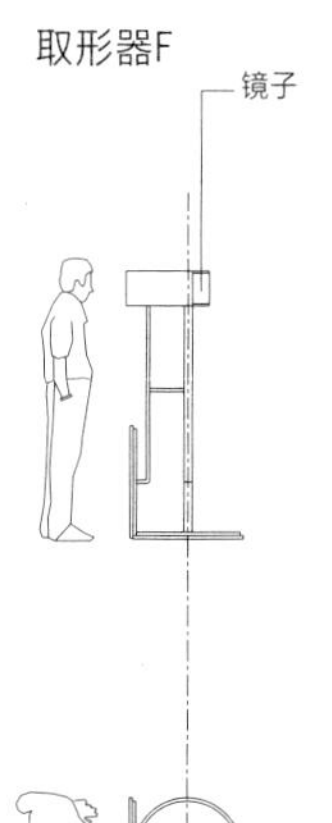

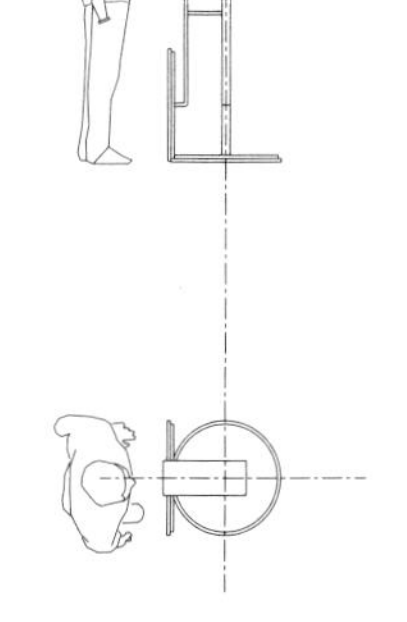

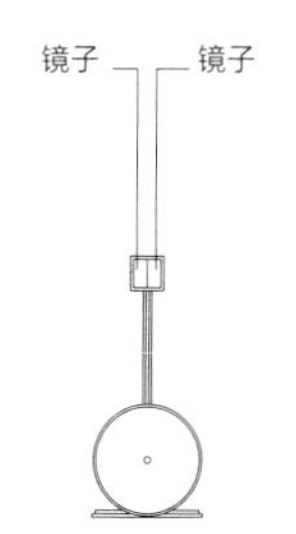

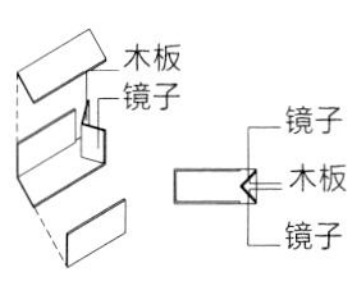

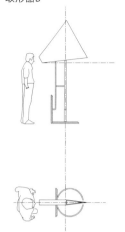

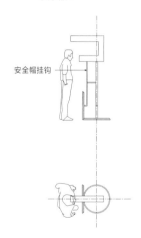

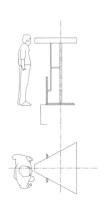

LOST IN

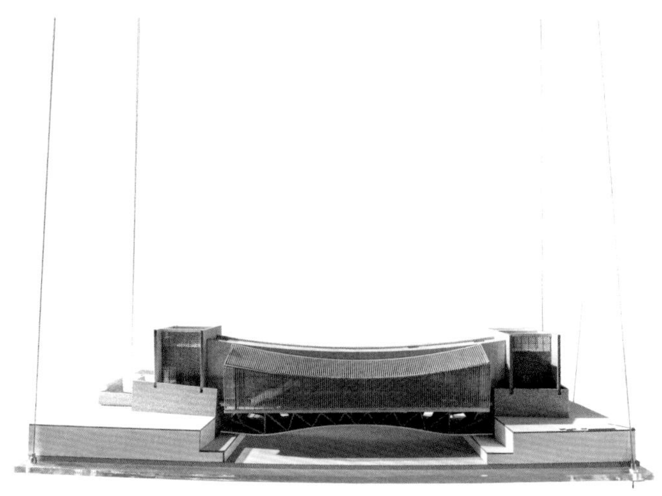

一个悬吊的展台展示着吉首美术馆及其他桥的模型

· 非常建筑设计的吉首美术馆模型和设计图在“基础设施连接——桥”群展中展出

采访：张永和[1]

时间：2004年5月10日
地点：非常建筑工作室（中国北京圆明园北角）
采访人：拉沙邦 · 初崔（Rachaporn Choochuey）、斯特凡诺 · 米尔蒂（Stefano Mirti）

今天是“五一”假期之后的第一个工作日，下午我们早早地来到了张永和先生的非常建筑工作室。工作室坐落在静谧的圆明园北角，是传统中式建筑，前面有一个小花园，许多工人在里面锯木头、敲锤子，为工作室的翻新和非常建筑设计的一个装置紧锣密鼓地工作着。整个采访过程都能听到周围传来锯木头的声音。工作室里的人看起来都非常紧张、忙碌，张永和先生昨天刚从国外出差回来，他在电脑前忙着写一封重要邮件，每隔一阵子就会被电话打断。

在“文化大革命”后的中国学习建筑

- 我们从您的传记中了解到您最初是在中国学习建筑的。
- 是的，我在国内学了三年建筑，但我并没有从国内的建筑院校毕业。我正好赶上“文革”之后恢复高考的第一年。1966年到1976年“文革”期间，大学招生停滞了十年。于是，我在1978年的春天到南京上大学，当时的南京工学院（东南大学前身）是中国最早开设建筑系的院校，我在那里学习了三年。

- 中国的建筑院校规定的学制是几年？
- 当时的建筑系要求学满四年，现在是五年。

- 您快毕业的时候去了美国，您没有完成学业吗？
- 是的，我没有读完。（对拉沙邦说）我想我跟你的情况不太一样。你也去了美国学习，但你知道你会回到你的家乡曼谷。我当时的情况不一样，我的想法是留在美国，因为在美国有很多机遇，那个时候中国的建筑行业没有个人实践的机会。
- 在我们谈论您在美国的情况之前，我们对于您在国内大学的经历十分好奇，当时的学校是什么样的？
- 实际上这很有意思，特别是我们把当时的教育和现在中国大学的教育做比较的话。我上大学的时候因为正值“文革”结束，那个时候的教育尽量避免一切与意识形态有关的东西。所以，当时的教育就是直接训练我们做房子，没有理论课，也很少涉及形式和构成。我们学习的内容就是如何搭建一个基本的建筑——功能、门、窗，如何铺砖块等。虽然是一种缺乏现代主义的现代主义建筑，但这种训练给我打下了很好的基础，因为现在的孩子们被各种形式的可能性淹没了，这在某种程度上是一种困扰。但对我来说就不一样了，我当时没有选择。你可能会说我那会儿学的不叫建筑，与理念根本无关。但事实上，当时的学习给我打下了很好的基础。

- 那个时期北京建筑的平均质量，至少在我们看来还是很高的。大学似乎成功训练和培养了整整一代（甚至不止一代）的中国建筑师。在北京参观非常有意思，北京不仅有胡同，还有20世纪50至70年代兴起的集体主义住宅。现在中国还在用这种教育方法吗？

- 已经不用了。你喜欢的那种北京的建筑应该是"文革"之前建成的。我去美国的时候，巴黎美术学院式的教育在国内就已经基本解体了。我第一次听说密斯·凡·德·罗是在大二的时候。当时我们都以为像勒·柯布西耶和密斯这样的人应该是当时新出现的建筑师。我们认为他们不一定是年轻人，但一定是新人，并且依然活跃。我们在大三的时候才知道他们都过世了，并且他们的理念在一定程度上已经过时了，这让我们非常震惊。进入了20世纪80年代，后现代主义思想开始涌入中国，所以短短的三年里，一切都发生了天翻地覆的变化，并且还在不停地变化。这是我在国内大学的经历。

- 当时的教学课程里有历史吗？
- 我只上过中国建筑史这一门历史课，这门课非常好。

- 在国内的大学学习了三年之后，您决定去美国。您是最早一批去国外学建筑的人吗？
- 是的。我曾经听人说过，或者在某些文献中看到过，说我可能是"文革"后第一个去美国学建筑的中国人。

- 您的夫人当时和您一起吗？
- 没有。她比我小四岁，我们是1987年认识的，当时我在大学教书。她也是一位建筑师，曾经在哈尔滨建筑工程学院（现哈尔滨工业大学）学建筑。我们是在北京认识的，她曾担任《建筑师》杂志的编辑。

我92岁的父亲也是一名建筑师

- 您之前跟我们讲过您的父亲也是一名建筑师，他在政府机构工作。您也成了建筑师，我们猜想您的父亲应该很高兴。他对您成为建筑师有什么影响？
- 从很小的时候开始，我最喜欢的就是画画。本来，我想学习油画。在当时，也就是20世纪60年代末70年代初，年轻人在家里可以自学两个技能：画画和音乐。很多年轻人都画得非常好，跟他们相比，我画得很差。我还有几个亲戚是画家，他们都劝我不要考油画专业，怕我考不上。最终，我没有申请艺术院校。学不了画画，我就想学一点儿跟画画沾边的，如工业设计。但在当时，相关的学科里面也是人才济济。所以我当时感到非常迷茫，不知道该做什么。尽管内心充满了疑惑和焦虑，我却坚信一点：我要上大学。要知道在之前的十年里，人们根本没机会接受这个层次的教育。很明显，我想抓住这个机遇。总之我相信，只要你学习，学科并不重要。然后我父亲就介入了。他跟我说："既然你理科不好（我理科特别差），你又没能力成为一个艺术家，那你不如考虑学建筑。"

- 真好。所以您的父亲是支持您学建筑的。但是那以后，您的父母支持您去美国吗？
- 这就是另外一个故事了。我在美国的时候遇到很多人，他们上大学都有明确的目标，清楚地知道自己想要做什么，知道怎么做。但我完全不是这样的。我去南京上大学的时候，发现学建筑对我来说是种煎熬。我画画不好，制图更不好。大学读了三年，我渐渐习惯了这里的教育体制，也跟同学们相处得不错。坦白讲，我并没想过去国外，也没什么目标。去美国读书是我父亲的想法。

- 这很有意思……
- 我父亲在年轻的时候有机会去美国读书，但是他没去。你想一想，当时是一个充满变革的时期，他觉得应该留在国内，所以就留下了。他一直有些遗憾，所以他就有了把哥哥和我送出国的想法，我当时并不愿意。

- 为什么？
- 我很努力，但我不是个愿意接受巨大挑战的人。当时我的父亲不停地劝我，最终说服了我。

- 那您的哥哥呢？他也去美国了吗？
- 他也去了。他是那种很擅长做东西的人，或者说他是那种工程师类型的人。由于“文革”，他都没机会上高中，但是我上了。

- 为什么您上高中了，您的哥哥却没机会上？
- 因为他比我大。他到了上高中的年纪正好赶上“文革”，所以没机会学习，也就没有办法获得必要的知识去参加理科和工科的入学考试。所以，他去学经济学了，并不是他想学，而是考文科相对容易些。他跟我的情况有点像，他也不知道该做什么。后来有个朋友跟他讲，你要是没什么想法，那不如去学经济学，所以他就去学经济学了。我父亲并没有提前规划，但是他想让我们去国外学习，并且要让我们去得成。

- 再谈一谈您的父亲，我们对这个话题很感兴趣。他还健在吗？
- 是的，他已经 92 岁了。

- 他为您的成就感到开心和自豪吗？
- 我觉得他现在应该开心了。

- 您说的现在是什么意思？
- 我刚回中国做建筑的时候，他觉得我很疯狂。他不希望我做什么“前卫”的事情。他认为在当时人人循规蹈矩的中国社会，我的做法是颠覆性的。

- 我们再谈一谈您的父亲。
- 我 1995 年前后回国的时候，有一次父亲跟我说他特别失望，因为他认为我做的事情根本就不是一个建筑师该做的，建筑师应该有一个大办公室，做大项目。现在他还是不能完全理解我在做什么，但是因为我也赢得了一些声誉，所以我们之间的关系缓和了许多。我有时候上一些谈话节目或其他电视节目，朋友和亲戚们会打电话祝贺他。所以，他现在很开心。（笑）

我总是比我设想的幸运得多

- 我的经历从某种程度上讲可能很普通，但是因为我运气很好，所以这些经历也是最不平凡的。实际上，我总是比我设想的幸运得多。

- 您这样说是什么意思？
- 我在二十几岁的时候正好遇上“文革”之后大学恢复招生，我抓住了那个机会。很多人错过了这样的机会，仅仅因为他们在该读书的年龄没有大学可以上。然而，我最开心的时光可能是在上大学之前，那个时候的我过着没有期望、没有目标的生活，也没有问题和麻烦，那是一种非常平和的状态……（笑）

- 所以什么是运气呢？您能讲得更详细一点儿吗？可以说是在事情发生的时候有所准备吗？如何进入时刻准备着的状态呢？
- 我不知道怎么去定义"运气"。运气肯定是有的，或许就是命运。我在美国学习本科建筑课程时遇到一个老师，他是伦敦建筑联盟学院（下文称 AA）毕业的，是个南非人，有点怪。那个时候我在印第安纳州的鲍尔州立大学学习。高年级的学生必须要自己选择设计课老师，这在美国建筑院校很常见。一个叫罗德尼·普雷斯（Rodney Place）的老师英式口音非常重。当时我连美式英语都不太听得懂，所以当他介绍自己的设计课时我一句都没听懂。我问我旁边的同学觉得罗德尼怎么样，他说罗德尼听起来很有意思。

- 既然您没听懂，为什么还是选了他的课？
- 我觉得他有异国情调（笑）。他衣着十分高雅，是个有趣的人，但我搞不懂他的想法。不过，我还是选了他的课，这给我带来了很大的困难。最终这门课对我产生了重大的影响，它让我明白了我可以按照我想要的方式学建筑，我要成为一个用自己的方式做建筑的建筑师。

- 如果这是您对"运气"的最终定义，我们想说我们很喜欢这样的定义。

求学期间的重要人物

- 这位来自南非的罗德尼·普雷斯是您求学生涯中具有重要影响的人物吗？
- 是的。我不太确定那几年我到底喜不喜欢这位老师。他是个感情强烈、容易激动的人。他是 AA 毕业的，和扎哈·哈迪德（Zaha Hadid）是好朋友。不久前，我遇到伯纳德·屈米（Bernard Tschumi），我了解到他也是 20 世纪 70 年代在 AA 认识罗德尼的。罗德尼总有办法逼出我的想法。他讲话的方式比较特别，话不多，几乎没一个完整的句子。他讲的课很难，但很有效果。

- 他的教学方法是什么样的？
- 他有几张幻灯片，内容不多。在他所谓的研讨会上，他就一遍又一遍地放这些幻灯片。幻灯片里有马塞尔·杜尚（Marcel Duchamp）的作品图片，有些是吉安·洛伦索·贝尔尼尼（Gian Lorenzo Bernini）的作品，也有一些是文艺复兴时期的画作图片，但关于建筑的极少。如果有的话，也应该是文艺复兴时期的，都很老的。

- 真是让人印象深刻的教学方法。
- 是的。他还会展示一些文艺复兴时期的画作，然后问你从中看到了什么。有一次他给我们看的图片是乔万尼·迪·保罗（Giovanni Di Paolo）的一幅画。刚开始，我并没有当一回事，我那个时候很害羞，英语也不太好，所以不太主动发言。他问我："你怎么看？"我随便说了点什么。罗德尼是那种面部表情很丰富的人，他当时的表情特别痛苦，因为我给他的答案让他很不满意。那以后我更加努力，慢慢地我对这些图片产生了兴趣。我下了很大的功夫，才能在课堂上说出“我觉得是这样那样”之类的话。最后，我终于能让他的表情不那么痛苦了。神奇的时刻来了，因为这样我才开始对他想的、看到的东西感兴趣，但是他从来不给我们答案。

- 有意思。那他是怎么说的呢？
- 他从来都不说。我还记得有几个同学特别生气。他们会说，无论我们看到了什么，你都认为是错的，那你为什么不告诉我们，你看到了什么？但他就是不说，他从来不说。我毕业几年后，得到了鲍尔州立大学的第一份教职工作。我开车去学校的路上经过犹他州，也可能是内华达州，当时那个地方荒无人烟。乔万尼·迪·保罗的画作《圣施洗约翰走向旷野》（*St. John the Baptist Entering the Wilderness*）一下子出现在我的脑海，我在那一刻突然理解了那幅画，这让我深受启发。在那一刻，我意识到我已经不在意罗德尼想的是什么了。可能就是从那一刻起，我才开始拥有一颗独立建筑师的头脑。我现在还能想起那个“开窍”的时刻。

- 您去美国学习之后的经历听起来很不一样，这段时期的关键人物居然是一位 AA 毕业的南非老师。那您学到的应该是英国的设计方法，而不是美国的。
- 不过我当时并不知道 AA 是什么。

- 所以当时好像突然跳进了一个全新的世界。不仅从中国到了美国，还来到了一个神奇的宇宙，这里有艺术，有建筑，还有概念方法……真是很大的跳跃。您当时感觉怎么样？
- 一种很强烈的感觉。罗德尼在 1982 年的时候还带我们去了密歇根州的匡溪艺术学院（现克兰布鲁克学院）。我在那里遇到了一个个子不高但很和善的人，我只能用有限的英文跟他聊天，后来我才知道他是丹尼尔·里伯斯金（Daniel Libeskind）。

- 那以后在伯克利（指加利福尼亚大学伯克利分校），您还有类似的经历吗？
- 其实在伯克利是把我在鲍尔州立大学学到的片段都拼凑起来。当时我有好几个很好的老师，我的论文指导老师斯坦利·塞陶维兹（Stanley Saitowitz）就是其中之一，他是个出色的建筑师。斯坦利·塞陶维兹和我之前的老师罗德尼·普雷斯都是南非人。我去美国的两所大学学习，遇到两个很好的老师都是南非人。这也是天意啊！另外还有一个老师拉尔斯·莱勒普（Lars Lerup）也对我产生了非常大的影响，他是瑞典人。我还记得这几位老师跟我说过的很重要的话。

- 您能跟我们分享一下吗？
- 可以。我跟着罗德尼学习的时候，慢慢地我在班里的表现越来越好。我很开心。我当时跟他一起做关于孩子在城市和建筑中骑自行车的研究。有一天，他跟我说了一段非常重要的话。他觉得我太努力地成为一个美国人，并且我也确实做得很好，但只是和西方学生一样好。然后他跟我分享了他自己的经历。作为一个南非人，他去伦敦 AA 学习的时候也很努力地想让自己像一个英国人，并且他成功了。他讲话一口英式发音，事实上南非人的英文发音有自己的特点，和英式的发音差别很大。一天，他的一个英国朋友对他说："罗德尼，你现在讲话比一个真正的英国人还要英国人，但是你永远都是南非人啊。"那一刻，他突然清醒了。罗德尼说，如果我能充分发挥自己作为中国人的背景优势，将会做得更好。他的这段话点醒了我，这么多年之后，我还能清楚地记得，从来没有忘记。

- 嗯。那塞陶维兹对您说了什么？
- 我在学校的时候，现在的学生崇拜的那些建筑师，我们当时也一样崇拜。但不同的是，当时这些建筑师都没有做任何实际的建筑。他们都在做纸上的建筑，画各种图，像扎哈·哈迪德、雷姆·库哈斯（Rem Koolhaas）都是这样。很多建筑学生，包括我自己都在模仿他们的图，我模仿得还很好。斯坦利注意到了，提醒我说，我觉得你现在已经有了很好的趣味，但是光有趣味是不够的。这也是对我很重要的一条建议。

- 好的。那拉尔斯·莱勒普呢？
- 2000 年，我回到伯克利教书。我教了两年，和拉尔斯一起工作。一天午饭后，在加州明媚的阳光下，我们聊了一会儿。他讲了一些话，我当时并没有立刻理解。那个时候的我做了很多概念设计，也就是纸上的建筑。他对我说，你总在黑屋子里工作，应该出去看一看。我当时还想不通，明明是大白天，哪来的黑屋子。之后，我才真正理解这句话。

- 什么意思？
- 他的意思是我应该进入社会实践，而不仅仅是做理论设计。

- 最后，您能跟我们分享一下您在中国和美国接受的教育分别有什么优缺点吗？
- 在教育方面，我觉得那个时候中国建筑院校教的更多的是房屋建造技术，是给学生答案。关于建筑的内容还不多。而我接受的美国教育更多的是教我如何独立思考，如何有能力提出问题。不过总体上来讲，因为我在美国教书教了很长时间，所以我觉得美国的教育里面一个可能的弱点就是建筑、建造与工程脱离，尤其是在一些研究型的院校。

您会对一个建筑学新生说点什么？

- 您的父亲劝您走上了学建筑的道路。如果您有一个十八九岁的儿子，他也想学建筑，您会给他什么样的建议？
- 首先，我不太确定他的选择是对的（笑）。我想告诉你我年轻时候的另外一件事情，我不知道这是运气还是命运。你能猜到我上大学之前在干什么吗？

- 不知道，请您讲讲。
- 我在一个建筑工地当工人。

- 这是一段很有意义的经历吧？
- 是的。因为中国孩子和美国孩子的生活是完全不同的。中国的孩子备受父母的宠爱，父母几乎不要求孩子做任何家务，只要好好学习就行了。所以我在建筑工地的那一年对我非常有好处。我学会了用我自己的双手劳动，也接触到了盖房子的实际过程。在美国，我又学会照顾自己，挣钱养活自己。

- 您在美国的时候要自己挣学费吗？
- 嗯，暑假的时候我总在打工。我在旧金山的一个建筑师事务所工作了半年，也在餐厅里面当过勤杂工，挣钱交学费和生活费。在建筑师事务所从上午 8 点半工作到下午 5 点半，然后 6 点又接着到中餐馆摆桌子、收拾盘子、端茶送水，一直到晚上 11 点。

- 您经常做装置，有些是您工作室做的，有些是您带着学生做的，有些是两者兼有。为什么您总带着学生做装置呢？学校的工作量还不够吗？欧洲的学术生活和现实生活是完全脱离的，中国是什么样的？
- 中国也是一样的。学校和现实生活脱节，学生只会画好看的设计图，他们并不懂如何建造。毕业之后，最优秀的学生通常被一些设计机构聘用做竞赛或者所谓的方案设计，因为他们会画图，但是他们根本没有机会成为真正的建筑师。

装置、展览、感知

- 和圈内的其他建筑师相比，您做了大量的展览和装置，这是为什么呢？
- 这要归功于罗德尼·普雷斯以及后来的几位老师对我的影响。我思考了很长时间得出的结论是，做建筑不仅仅只有盖房子这一种方式。我大概是在 20 世纪 80 年代初或者中期有了这种想法，记不清了……也就是我在北京开始实践后不久，就遇到了第一个做展览的机会。

- 是什么样的机会？
- 是维也纳的“运动中的城市”展。当时两个年轻策展人侯瀚如和汉斯·乌尔里希·奥布里斯特找到我，让我给这个展览做空间设计。这是我人生中第二次意识到我可以用自己的方式做建筑。其实装置和建筑的建造没有太大的差别，只是装置和展览明显没那么复杂。所以，装置和展览从某种程度上讲避开了建筑实践的一些困难。后来，我们开始很认真地去做这件事情，因为我们做的越多，就希望我们做得越好。我希望我们的理念和想法是原创的，我希望可以研究新材料。

如 2003 年威尼斯双年展的那个装置，乌托邦站，我很喜欢它顶部的设计。如果你晃动这个装置，里面有一个弹簧，你可能会觉得它晃得很好笑，但是这个设计背后包含着两个理念：一个是柔软的建筑，另一个是会动的建筑。如果我以后长期做装置或者展览，我希望我的工作室更像一个实验室，一个建筑和城市化理念的实验室。

- “运动中的城市”是您参加的第一个展览？
- 实际上是第二个，第一个我做得不好，所以我总是忘掉不提（笑）。我参加的第一个展览是韩国光州设计双年展，应该是第二届。我当时非常努力，但是我要表达的理念太隐晦，人们都理解不了。

- 您是在“运动中的城市”展上遇到雷姆·库哈斯、侯瀚如、奥布里斯特等人的吗？
- 我在那之前就见过库哈斯。我在上学的时候曾经读过安东尼·维德勒（Anthony Vidler）等学者的理论文章，我不太能理解里面的论述。但库哈斯写的《癫狂的纽约》（*Delirious New*

York）我就能读懂。我能够理解并且欣赏他的写作方式——他的讽刺意味和幽默感。他的很多观点，尤其是“普通城市”的理念在某种程度上也是我自身的体验。

另一位重要的作者是罗宾·埃文斯（Robin Evans），如果你还没读过他的作品，那我推荐你去读一读。

- 您能讲一讲他吗？
- 罗宾·埃文斯是我的老师罗德尼·普雷斯在 AA 的老师。我刚开始不知道，罗德尼也从来没提起过。后来我读了埃文斯写的一些文章。刚开始，我就能读懂埃文斯，因为他坚持用建筑师的身份写文章，而不是以学者的身份写作。埃文斯还会画图，用图解或者插画帮助读者理解。他不会经常引用其他书里的话，他会分析各种图，就像建筑师那样。他写了一些很有意思的东西。我觉得很惊讶，自己竟然很理解他的文章。之后，我才知道他是罗德尼的老师，有些东西确实是一脉相承的。罗德尼的沉默教学法教会了我读懂埃文斯的文章（笑）。埃文斯有一篇文章就叫《从绘图到建筑的转化》（*Translation From Drawings to Architecture*），里面探讨了哪些东西是画不出来的。他认为詹姆斯·特瑞尔（James Turrell）的作品就没法画，因为他的装置都是虚幻的二维或者三维空间，看起来是平面的。所以，平面的画对于他就没有意义了，只会失去他意图中奇妙的东西，必须要画构造图。埃文斯还曾用一种特别的方式介绍了走廊的历史，而并不是用典型的学术研究的方式。这让我深受启发。埃文斯的观点有点像马塞尔·杜尚的。我也是通过罗德尼才了解杜尚——一位对我产生了重大影响的艺术家。

- 所以建筑并不是来源于抽象理论，而是来源于日常生活。
- 是的，你可以从你自己的经历中不断学习。我很高兴我是自己悟出来的。库哈斯的《癫狂的纽约》也可以翻译成《向大都市学习》，我猜他的想法就来自罗伯特·文丘里（Robert Venturi）和丹尼斯·斯科特·布朗（Denis Scott Brown）的《向拉斯维加斯学习》（*Learning from Las Vegas*）。最后我的理解是，这一切都是向现实学习。

这个现实还必须是你身边的，这样你才能真正理解，但同时有一点也很难，如果这个现实离你很近，那你总会忽略它（笑）。

- 我们也可以说现实不存在，因为现实总是我们自己创造的。比如，现在您在北京，把您工作室的地址选在圆明园里面，这里有菜园子，有打图仪、电脑……这是您的现实。如果您当时决定留在洛杉矶，那您感知的现实又是另外一种。
- 现实总是被有思想的人阐释。你从原有的现实出发，在前进的过程中现实会不停地变化，例如，我喜欢拉斯维加斯，我去了那儿。不过，我是作为一个典型的中国游客去观光的，不是去赌博的（笑）。我看了很多表演秀，真好看，谁不喜欢？但是如果想要从学术的角度去理解这种情况，那就要看一看文丘里和布朗的著作了。

北京

- 我们来的时候看到您的工作室很像一个车间，或者建筑工地，这是因为在翻新房子还是平时一直如此？你是不是很喜欢这样的氛围？
- （笑）平时基本上也是这样的。他们在外面做的不是工作室翻新，是我们正在做的一个展览装置，是一个可移动的厨房。

- 哦，难怪呢。我们来的时候还在想：他们在干什么？这件大家具要放在哪里？原来这不是真实房子里用的，是展览用的。
- 是的，我们这里总在做东西。我们还买了很多蔬菜、花草的种子，并打算种下去。工作室和花园的界线模糊问题还有待解决。

- 您是怎么找到这么漂亮的地方的？这里是租的吗？
- 是租的。在搬到这里之前，我们是在北大的校园里。非典期间，大学校园封闭，特别不方便。考虑到我们以后要发展壮大，所以需要更大的空间。我的妻子兼合伙人鲁力佳骑着自行车四处找，最后找到了这个地方，也是运气好吧（笑）。

- 如果我们把欧洲、美国、日本放在一起构成一个三角形，您会把中国放在哪里？在中间吗？还是在三角形的外面？
- 这个问题很复杂。我们的价值体系和社会心态在很多方面与美国都很接近，这一点可能会让很多人感到惊讶，但是我们在文化上的敏感性又让我们跟欧洲和日本很接近。我不知道你来北京的这几天有没有感觉到。尽管我们跟日本在很多方面都有共性，但是中国人的普遍性格和日本人的完全不同。需要指出的一点是，中国的各个地区、各个省在文化上都是各不相同的，这使得中国文化非常多元。所以从整体上看，中国更像欧洲而不像美国，因为美国整体上是比较单一的。举个例子，我们北京人听不懂广东人的方言，更不懂他们的地域文化和传统。所以中国在这个三角形里面，但是我不知道在什么位置，这很复杂。

注释：

1 这篇访谈稿的最初出版为意大利语，收录在*Yung Ho Chang: Luce chiara, camera oscura*一书中，作者是拉沙邦·初崔和斯特凡诺·米尔蒂，2005年由米兰Postmedia Books出版社出版。

张永和 / 非常建筑

张永和曾在中国和美国学习，1984年获得美国加利福尼亚大学伯克利分校建筑学硕士学位，1989年成为美国注册建筑师，1992年与鲁力佳成立非常建筑工作室。非常建筑的作品涉及建筑、城市、景观和室内设计等多个领域，同时还从事家具、产品、服装、首饰、舞台、展览以及艺术装置的设计。

张永和与非常建筑获得了很多奖项和荣誉，包括1987年日本《新建筑》国际住宅设计竞赛一等奖、1996年美国进步建筑表彰奖、2000年联合国教科文组织艺术促进奖、2006年美国艺术文学院建筑学院奖、2016年中国建筑传媒奖实践成就大奖，以及2020年美国建筑师协会建筑成就大奖（吉首美术馆），并在法国巴黎国际大学城“中国之家”建筑设计竞赛（与Coldefy & Associates建筑规划事务所合作）中获胜。事务所还参与了许多国际艺术和建筑展，从2000年开始参加了6次威尼斯双年展。非常建筑的多件产品、建筑模型和装置被多家博物馆及展览组织永久收藏，包括英国维多利亚和阿尔伯特博物馆、日本越后妻有大地艺术三年展、中国美术馆、中国深圳何香凝美术馆、中国香港M+博物馆等。张永和及其团队还出版了数本著作。

张永和曾在美国和中国的多所建筑院校任教，他目前是同济大学、香港大学、北京大学、麻省理工学院的教授；2005年到2010年任麻省理工学院建筑系主任；2011年到2017年担任普利兹克奖的评委。2019年，张永和还当选为美国建筑师学会院士。

展览列表

从桌子到桌景，芝加哥333画廊／纽约91画廊，美国，芝加哥/纽约，1988—1990年

代奥米德设计竞赛，钟楼画廊，美国，纽约，1989年

形变结构，太平洋安全画廊，美国，旧金山，1991年

诗意建造，当代现实主义画廊，美国，旧金山，1991年

3×3＋9设计竞赛，合约设计中心，美国，旧金山，1991年

青年建筑师论坛1992年展，城市中心画廊，美国，纽约，1992年

进步建筑奖展，美国，旧金山，1996年

亚洲革新建筑1，中央公会堂，日本，大阪，1996年

运动中的城市，维也纳分离派展览馆，奥地利，维也纳，1997年

运动中的城市，波尔多当代视觉艺术中心，法国／PS1现代艺术中心，美国，纽约，1997年

海市——另一个乌托邦，NTT互动艺术中心，日本，东京，1997年

边界线，建筑之家，施泰尔秋季艺术节，格拉兹新画廊，奥地利，格拉兹，1997年

生存痕迹展，现时艺术工作室，中国，北京，1998年

运动中的城市，路易斯安那现代艺术博物馆，丹麦，胡姆勒拜克，1998年

可大可小，建筑联盟学院，英国，伦敦，1998年

亚洲革新建筑2，印度，班加罗尔，1998年

街戏，尖峰艺术画廊，美国，纽约，1999年

运动中的城市，泰国艺术大学，泰国，曼谷，1999年

运动中的城市，奇亚斯玛当代艺术博物馆，芬兰，赫尔辛基，1999年

中国青年建筑师作品展，国际建筑师协会大会，北京国际会议中心，中国，北京，1999年

从中国出发：中国新艺术展，设计博物馆，中国，北京，1999年

威尼斯双年展：网络展，意大利，威尼斯，1999年

回溯你的脚步：记住明天，索恩博物馆，英国，伦敦，1999—2000年

威尼斯双年展，意大利，威尼斯，2000年

城市／花园／记忆，美第奇别墅，意大利，罗马，2000年

上海双年展，上海美术馆，中国，上海，2000年

东风：亚洲设计论坛，日本，东京，2000年

太平洋周边建筑师：东京设计论坛，日本，东京，2000年

后物质——当代中国艺术家解读日常生活，红门画廊，中国，北京，2000年

中国制造——当代中国设计，华人艺术中心，美国，曼彻斯特，2001年

中国前卫艺术家海报展，红门画廊，中国，北京，2001年

深圳当代雕塑艺术展，何香凝美术馆，中国，深圳，2001年

生活在此时——二十九位中国当代艺术家，汉堡火车站当代艺术博物馆，德国，柏林，2001年

土木：中国年轻建筑展，Aedes建筑论坛，德国，柏林，2001年

第一届梁思成建筑设计双年展，中国美术馆，中国，北京，2001年

六箱建筑，哈佛大学设计研究院，美国，剑桥，2002年

项目4：连接、暂停，光州设计双年展，韩国，光州，2002年

北京浮世绘展，北京东京艺术工程（画廊），中国，北京，2002年

小即是好，弗里堡艺术馆，瑞士，弗里堡，2002年

主题馆和日本馆，威尼斯双年展，意大利，威尼斯，2002年

建筑实验——人、伦理、空间，文化实验空间，中国，天津，2002年

重新解读：中国实验艺术十年（1990—2000），广州三年展，中国，广州，2002年

北京城门记忆和重建，六箱建筑，中国，北京，2003年

影室，巴黎市立现代艺术博物馆，法国，巴黎，2003年

移动性：看得见风景的房间，国际建筑双年展，荷兰，鹿特丹，2003年

越后妻有艺术三年展，日本，新潟，2003年

紧急地带和乌托邦站，威尼斯双年展，意大利，威尼斯，2003年

间（法语：那么，中国呢？），蓬皮杜中心，法国，巴黎，2003年

开放的时代，中国美术馆，中国，北京，2003年

承孝相×张永和展—Works: 10×2，“间”画廊，日本，东京，2004年

雪展，芬兰，赫尔辛基，2004

台北双年展，台北市立美术馆，中国，台北，2004年

中国馆，威尼斯双年展，意大利，威尼斯，2005年

发展：张永和/非常建筑的建筑，麻省理工学院，美国，剑桥，2007年

和，Aedes建筑博物馆，德国，柏林，2007年

威尼斯双年展，意大利，威尼斯，2008年

创意中国——当代中国设计展，维多利亚和阿尔伯特博物馆，英国，伦敦，2008年

塑与茶，约翰·马德伊斯基花园，维多利亚和阿尔伯特博物馆，英国，伦敦，2008年

创意中国——当代中国设计展，美国，辛辛那提，2008年

YOUprison，桑德雷托·瑞·瑞宝迪戈基金会，意大利，都灵，2008年

光州设计双年展，韩国，光州，2009年

三重浪，上海世博会，中国，上海，2010年

首尔设计节，韩国，首尔，2010年

奥迪宅，奥迪可移动汽车展台，中国，上海，2011年

中国新设计，米兰三年展，意大利，米兰，2011年

张永和+非常建筑：唯物主义，尤伦斯当代艺术中心，中国，北京，2012年

西岸建筑与当代艺术双年展，中国，上海，2013年

MHome：随遇而安，尤伦斯当代艺术中心，中国，北京，2014年

“太平广记”，红砖美术馆，中国，北京，2014年

大声展，三里屯橙色大厅，中国，北京，2014年

未明的云朵，一城七街，台北市立美术馆，中国，台北，2014年

地景装置艺术季，中国，阳澄湖，2016年

建筑之名——非常建筑泛设计展，上海当代艺术博物馆，中国，上海，2016年

走向批判的实用主义——中国当代建筑，哈佛大学设计研究院，美国，波士顿，2016年

杭州纤维艺术三年展，中国，杭州，2016年

穿越中国——中国理想家，威尼斯双年展，意大利，威尼斯，2017年

上海城市空间艺术季，中国，上海，2017年

探索家——未来生活大展，中国，北京，2018年

图片版权

除以下声明的图片以外，所有插画、渲染图、图解、平面图和照片的版权均归非常建筑所有。（每张图片所在位置均标注页码，按照从左到右、从上到下的顺序。）

展览即建造

P001“庆祝波兰国王萨克森选侯婚礼的戏剧表演场景”设计图，史密森图书馆（https://library.si.edu）

P005垂直玻璃宅：吕恒中

P005硅亭、砼器：田方方

后窗

P008《后窗》电影海报，派拉蒙影业公司，阿尔弗雷德·希区柯克导演，1954年，阿拉米图片社

P008电影《后窗》里的公寓：罗纳德·格兰特档案馆／阿拉米图片社

P008电影《后窗》里的场景（上）：阿拉米图片社

P008电影《后窗》里的场景（中）：阿拉米图片社

P008电影《后窗》里的场景（下）：阿拉米图片社

土木

P039右下、P040北京大学（青岛）国际学术中心的模型和图纸、P040二分宅的模型和图纸：Aedes建筑博物馆

稻宅

P060秋收后的“稻宅”：贾冬婷

纸相机

P068取景器装置鸟瞰：台北市立美术馆

竹跳

P071左：马尔科·博迪浓

塑与茶

P075、P076—077：维多利亚和阿尔伯特博物馆

奥迪宅

P091；P092灯光在层层叠叠的玻璃间被折射、反射，表现运动的概念；P093不同视角的“奥迪宅”；P096：舒赫

张永和+非常建筑：唯物主义

P097；P099展台（1—6）；P100—101；P102弯曲的墙面围合观影空间；P102“六箱建筑”装置；P102展览开幕式上举办了一场时装秀，服装由非常建筑设计；P103展台4旁边的幕墙大样模型；P103展台4展示的设计模型；P103展台6的中央展示着“第三警察局”的模型；P103展台2展示的设计模型；P104：曹扬

神秘宅

P105、P108“神秘宅”入口、P108画在天花板上的天窗、P108“神秘宅”的侧面、P108“神秘宅”的出口、P108透视扭曲的绘画场景细部：曹扬

第三警察局

P109、P111展台展示了这部戏的创作过程、P111展览期间举办的舞蹈表演、P112：红砖美术馆

P110舞台和人偶，弗兰·奥布莱恩的小说《第三个警察》的封面（哈珀柯林斯出版社，1983年出版）：红砖美术馆

玻璃砖拱

P117、P119建好的“玻璃砖拱”、P119参观者的姿势与拱形成了对话、P119夜景、P120—121：田方方

建筑之名——非常建筑泛设计展

P123—128实景图：上海当代艺术博物馆

诺华七盒

P129、P130有机玻璃中的“诺华七盒”模型及模型细节：哈佛大学设计研究院

寻找马列维奇

P140《黑色十字》（1915年），卡济米尔·谢韦里诺维奇·马列维奇画作：画作图片由非常建筑提供，原作现收藏于圣彼得堡俄罗斯国家博物馆

P140《一名农妇在二度空间的绘画写实主义》，更常见的名称是《红色正方形》，卡济米尔·谢韦里诺维奇·马列维奇画作：画作图片由非常建筑提供，原作现收藏于圣彼得堡俄罗斯国家博物馆

P140《黑色圆形》，卡济米尔·谢韦里诺维奇·马列维奇画作：画作图片由非常建筑事务所提供，原作现收藏于圣彼得堡俄罗斯国家博物馆

图书在版编目（CIP）数据

展览实验建造 / 张永和，非常建筑著；程六一，杜模译．—
桂林：广西师范大学出版社，2020.7
ISBN 978-7-5598-2616-9

Ⅰ.①展… Ⅱ.①张… ②非… ③程… ④杜… Ⅲ.①展览馆
-建筑设计 Ⅳ.① TU242.5

中国版本图书馆 CIP 数据核字 (2020) 第 026706 号

责任编辑：冯晓旭
装帧设计：王 冕 吴 迪

广西师范大学出版社出版发行
（广西桂林市五里店路 9 号 邮政编码：541004
网址：http://www.bbtpress.com）
出版人：黄轩庄
全国新华书店经销
销售热线：021-65200318 021-31260822-898
雅昌文化（集团）有限公司印刷
（广东省深圳市南山区深云路 19 号 邮政编码：518053）
开本：889mm × 1 194mm 1/12
印张：14 字数：160 千字
2020 年 7 月第 1 版 2020 年 7 月第 1 次印刷
定价：298.00 元